当代世界中的数学
数学王国的新疆域(二)

朱惠霖 田廷彦 ○编

哈尔滨工业大学出版社
HARBIN INSTITUTE OF TECHNOLOGY PRESS

内 容 提 要

本书详细介绍了数学在各个领域的精华应用,同时收集了数学中典型的问题并予以解答.本书适合高等院校师生及数学爱好者参考阅读.

图书在版编目(CIP)数据

当代世界中的数学.数学王国的新疆域.二/朱惠霖,田廷彦编.—哈尔滨:哈尔滨工业大学出版社,2019.1(2020.11重印)

ISBN 978-7-5603-7256-3

Ⅰ.①当… Ⅱ.①朱… ②田… Ⅲ.①数学—普及读物

Ⅳ.①O1-49

中国版本图书馆 CIP 数据核字(2018)第 026678 号

策划编辑 刘培杰 张永芹
责任编辑 张永芹 李 欣
封面设计 孙茵艾
出版发行 哈尔滨工业大学出版社
社 址 哈尔滨市南岗区复华四道街 10 号 邮编 150006
传 真 0451-86414749
网 址 http://hitpress.hit.edu.cn
印 刷 哈尔滨市工大节能印刷厂
开 本 787mm×1092mm 1/16 印张 13.25 字数 259 千字
版 次 2019 年 1 月第 1 版 2020 年 11 月第 3 次印刷
书 号 ISBN 978-7-5603-7256-3
定 价 38.00 元

序　言

　　如今,许多人都知道,国际科学界有两本顶级的跨学科学术性杂志,一本是《自然》(*Nature*),一本是《科学》(*Science*).

　　恐怕有许多人还不知道,在我们中国,有两本与之同名的杂志①,而且也是跨学科的学术性杂志,只是通常又被定位为"高级科普".

　　国际上的《自然》和《科学》,一家在英国,一家在美国②.它们之间,按维基百科上的说法,是竞争关系③.

　　我国的《自然》和《科学》,都在上海,它们之间,却有着某种历史上的"亲缘"关系.确切地说,从1985年(那年《科学》复刊)到1994年(那年《自然》休刊)这段时期,这两家杂志的主要编辑人员,原本是在同一个单位、同一幢楼、同一个部门,甚至是在同一个办公室里朝夕相处的同事!

　　这是怎么回事呢?

　　这本《自然》杂志,创刊于1978年5月.那个年代,被称为"科学的春天".3月,全国科学大会召开.科学工作者、教育工作者,乃至莘莘学子,意气风发.在这样的氛围下,《自然》的创刊,是一件大事.全国各主要媒体,都报道了.

　　这本《自然》杂志,设在上海科学技术出版社,由刚刚复出的资深出版家贺崇寅任主编,又调集精兵强将,组成了一个业务水平高、工作能力强、自然科学各分支齐备的编辑班子.正是这个编辑班子,使得《自然》杂志甫一问世,便不同凡响;没有几年,便蜚声科学界和教育界④.

　　1983年,当这个班子即将一分为二的时候,上海市出版局经办此事的一位副局长不无遗憾地说,在上海出版界,还从未有过如此整齐的编辑班子呢!

　　一分为二? 没错.1983年,中共上海市委宣传部发文,将《自然》杂志调往上海交通大学.为什么? 此处不必说.我只想说,这次强制性的调动,却有一项

---

　　①　其中的《自然》杂志,在创刊注册时,不知什么原因,将"杂志"两字放进了刊名之中,因此正式名称是《自然杂志》.但在本文中,仍称其为《自然》或《自然》杂志.此外,应该说明,在我国台湾,也有两本与之同名的杂志,均由民间(甚至个人)资金维持.台湾的《自然》,创刊于1977年,系普及性刊物,内容以动植物为主,兼及天文、地理、考古、人类、古生物等,1996年终因财力不济而停办.台湾的《科学》,正式名称《科学月刊》,创刊于1970年,以介绍新知识为主,"深度以高中及大一学生看得懂为原则",创刊至今,从未脱期,令人赞叹.

　　②　英国的《自然》,创刊于1869年,现属自然出版集团(Nature Publishing Group),总部在伦敦.美国的《科学》,创刊于1880年,属美国科学促进会(American Association for the Advancement of Science),总部在华盛顿.

　　③　可参见 http://en.wikipedia.org/wiki/Science_(journal).

　　④　可参见《瞭望东方周刊》2008年第51期上的"一本科普杂志的30年'怪现象'"一文.

1

十分温情的举措,即编辑部每个成员都有选择去或不去的权利.结果是,大约一半人选择去交通大学,大约一半人选择不去,留在了上海科学技术出版社.

我属去的那一半.留下的那一半,情况如何,一时不得而知.但是到1985年,便知道了:他们组成了《科学》编辑部,《科学》杂志复刊了!

《科学》,创刊于1915年1月,是中国历时最长、影响最大的综合性科学期刊,对于中国现代科学的萌发和成长,有着独特的贡献.中国现代数学史上有一件一直让人津津乐道的事:华罗庚先生当年就是在这本杂志上发表文章而崭露头角的.《科学》于1950年5月停刊,1957年复刊,1960年又停刊.1985年的这次复刊,其启动和运作,外人均不知其详,但我相信,留下的原《自然》杂志资深编辑,特别是吴智仁先生和潘友星先生,无疑是起了很大的甚至是主要的作用的.复刊后的《科学》,由时为中国科学院副院长的周光召任主编,上海科学技术出版社出版.

于是,原来是一个编辑班子,结果分成两半(各自又招了些人马),一半随《自然》杂志披荆斩棘,一半在《科学》杂志辛勤劳作.

《自然》杂志去交通大学后,命运多舛.1987年,中共上海市委宣传部又发文:将《自然》杂志从交通大学调出,"挂靠"到上海市科学技术协会,属自收自支编制.至1993年底,这本杂志终因入不敷出,编辑流失殆尽(整个编辑部,只剩我一人),不得不休刊了.1994年,上海大学接手.原有人员,先后各奔前程.《自然》与《科学》的那种"亲缘"关系,至此结束.

这段多少有点辛酸的历史,在我编这本集子的过程中,时时在脑海里浮现,让我感慨,让我回味,也让我思索……

好了,不管怎么说,眼前这件事还是让人欣慰的:在近20年之后,《自然》与《科学》的数学部分,竟然在这本集子里"久别重逢"了!

说起这次"重逢",首先要感谢原在上海教育出版社任副编审的叶中豪先生.是他,多次劝说我将《自然》杂志上的数学文章结集成册;是他,了解《自然》和《科学》的这段"亲缘"关系,建议将《科学》杂志上的数学文章也收集进来,实现了这次"重逢";又是他,在上海教育出版社申报这一选题,并获得通过.

其次,要感谢哈尔滨工业大学出版社的刘培杰先生.是他,当这本集子在上海教育出版社的出版遇到困难时,毅然伸手相助,接下了这项出版任务[①].

当然,还要感谢与我共同编这本集子的《科学》杂志数学编辑田廷彦先生.是他,精心为这本集子选编了《科学》杂志上的许多数学文章.

他们三人,加上我,用时下很流行的说法,都是不折不扣的"数学控".我们

---

① 说来有趣,我与刘培杰先生从未谋面,却似乎有"缘"已久.这次选编这本集子,发觉他早年曾向《自然》杂志投稿,且被我录用,即收入本集子的《费马数》一文.屈指算来,那该是20年前的事了.

以我们对数学的热爱和钟情,为广大数学研究者、教育者、普及者、学习者和爱好者(相信其中也有不少的"数学控")献上这本集子,献上这些由国内外数学家、数学史家和数学普及作家撰写的精彩数学文章.

这里所说的"数学文章",不是指数学上的创造性论文,而是指综述性文章、阐释性文章、普及性文章,以及关于人物和史实的介绍性文章.其实,这些文章,都是可让大学本科水平的读者基本上看得懂的数学普及文章.

按美国物理学家、科学普及作家杰里米·伯恩斯坦(Jeremy Bernstein,1929—)的说法,在与公众交流方面,数学家排在最后一名①.大概是由于这个原因,国际上的《自然》和《科学》,数学文章所占的份额,相当有限.

然而,在我们的《自然》和《科学》上,情况并非如此.在《自然》杂志上,从1984 年起就常设"数林撷英"专栏,专门刊登数学中有趣的论题;在《科学》杂志上,则有类似的"科学奥林匹克"专栏.许多德高望重的数学大师,愿意在这两本杂志上发表总结性、前瞻性的综述;许多正在从事前沿研究的数学家,乐于将数学顶峰上的无限风光传达给我们的读者.在数学这个需要人类第一流智能的领域,流传着说不完道不尽的趣事佳话,繁衍着想不到料不及的奇花异卉.这些,都在这两本杂志上得到了充分的反映.

在编这本集子的时候,我们发觉,《自然》(在下文所说的时期内)和《科学》上的数学好文章是如此之多,多得简直令人苦恼:囿于篇幅,我们必须屡屡面对"熊掌与鱼"的两难,最终又不得不忍痛割爱.即使这样,篇幅仍然宏大,最终不得不考虑分册出版.

现在这本集子中的近 200 篇文章,几乎全部选自从 1978 年创刊至 1993 年年底休刊前夕这段时期的《自然》杂志,和从 1985 年复刊至 2010 年年底这段时期的《科学》杂志.它们被分成 12 个版块,每个版块中的文章,基本上以发表时间为序,但少数文章被提到前面,与内容相关的文章接在一起.

还要说明的是,在"数学的若干重大问题"版块中,破例从《世界科学》杂志上选了两篇本人的译作,以全面反映当时国际数学界的大事;在"数学中的有趣话题"版块中,破例从台湾《科学月刊》上选了一篇"天使与魔鬼",田廷彦先生对这篇文章钟爱有加;在"当代数学人物"版块中,所介绍的数学人物则以 20 世纪以来为限.

这本集子中的文章,在当初发表时,有些作者和译者用了笔名.这次选入,仍然不动.只是交代:在这些笔名中,有一位叫"淑生"的,即本人也.

照说,选用这些文章,应事先联系作译者,征求意见,得到授权.但有些作译

---

① 参见 Mathematics Today:Twelve Informal Essays,Springer-Verlag(1978)p. 2. Edited by Lynn Arthur Steen.

者,他们的联系方式,早已散失;不少作译者,由于久未联系,目前的通信地址也不得而知;还有少数作译者,已经作古,我们不知与谁联系.在这种情况下,我们只能表示深深的歉意.更有许多作译者,可说是我们的老朋友了,相信不会有什么意见,不过在此还是要郑重地说一声:请多多包涵.

在这些文章中,也融入了我们编辑的不少心血.极端的情况是:有一两篇文章是编辑根据作者的演讲提纲,再参考作者已发表的论文,越俎代庖地写成的.尽管我们做编辑这一行的,"为他人作嫁衣裳",似乎是份内的事,但在这本集子出版的时候,我还是将要为这些文章付出过劳动、做出过贡献的编辑,一一介绍如下,并对其中我的师长和同仁、同行,诚致谢忱.

《自然》上的数学文章,在我1982年2月从复旦大学数学系毕业到《自然》杂志工作之前,基本上由我的恩师陈以鸿先生编辑;在这之后到1987年先生退休,是他自己以及我在他指导下的编辑劳动的成果.此后,又有张昌政先生承担了大量编辑工作;而计算机方面的有关文章,在很大程度上则仰仗于徐民祥先生.

《科学》上的数学文章,在复刊后,先是由黄华先生负责编辑,直至1996年他出国求学;此后便是由田廷彦先生悉心雕琢,直到现在;其间静晓英女士也完成了一些工作.当然,《科学》杂志负责复审和终审的编审,如潘友星先生、段韬女士,也是付出了心血的.

回顾往事,感悟颇多.但作为这两本杂志的编辑,应该有这样的共同感受:一是荣幸,二是艰辛.荣幸方面就不说了,而说到艰辛,无论是随《自然》杂志流离,还是在《科学》杂志颠沛,都可用八个字来概括:"筚路蓝缕,以启山林".

是的,筚路蓝缕,以启山林!

如今,蓦然回首,我看到了:

一座巍巍的山,一片苍苍的林!

《自然》杂志原副主编兼编辑部主任
朱惠霖
2017年5月于沪西半半斋

⊙ 目

录

第一编

数学与计算机科学

从黑箱到计算机

—— 对计算机本质的一个剖析[①]

一、引 言

自从电子数字计算机出现后,在一定意义上可用机器代替人们计算、推理,等等,一句话,代替人们思维,这和以前用机器代替人们劳动一样,使人类的活动起了一个大变革.由于机器功能很强,不但在很多方面可以帮助人们的思维,减轻人们的负担,而且在速度上、准确性上处处都胜过人类,于是便使人们对机器产生了一些神秘之感.其实计算机是为了要利用机器来解决计算问题而必然产生的,并没有任何神秘的地方.本文想从数理逻辑的观点,来对计算机(尤其是电子数字计算机)的本质做一番剖析.

二、黑 箱

要想利用机器来计算一个函数,最容易想到的是制造一架机器,当把自变元的值输入机器以后,机器立即便把函数值输送出来.例如,要想计算三元函数 $f(x, y, z)$,我们便造出一种通常叫作黑箱的机器(图1):

---

① 本文摘自《自然杂志》第 4 卷(1981 年)第 6 期,作者莫绍揆.

图 1

所谓黑箱，并不是说不准拆开看，而是强调我们不考虑这种机器的结构，不考虑机器如何把输入变成输出，我们只要求它的功能正确，当给定输入后，它能把正确的函数值输送出来便成了.

由于只考虑机器的功能而不管其结构，因此黑箱实质上等同于一张函数表.函数表只列出自变元的什么值对应于函数的什么值，既没有计算公式也不提供计算步骤.可以说，黑箱实际上是里面装有一张函数表，把自变元的值输入后，黑箱便去"查"函数表而把查出来的函数值输出.可见，有了函数表便可以造一个黑箱；反之，买了一个黑箱以后，我们逐次变动输入值而记录相应的输出值，便可以得出一张函数表.但除了函数表以外，与函数有关的其他性质，什么也得不出.

就函数表来说，一元函数的表最容易构造并印出.构造二元函数的表已经有些困难，但仍可以在平面上印出.构造三元以上函数的表非常困难，理论上说，需印在立方体中，这当然是不可能的，必须割裂开来才能印出.这时自变元相邻的值不能印在相邻的地方，可以说无法照其"本来面貌"印出来，因此在作函数表时，最好把多元函数化成一元函数.此外，函数表只能记载有限个值（无论自变元的或函数的），即使自变元或函数的值是连续变化的（如采取实数为值），也只能记载若干个离散的值，其余的值则靠插补而得.

黑箱是物质机器，利用具体的物质来表示自变元与函数的值，因此只能表示有限个值，在这一点上它与函数表完全相同.一般是利用输入线、输出线的状态来表示输入、输出值，输入、输出值都只能是有限多个.设输入值可能有 m 个，而输出值可能有 n 个，这个黑箱便叫作 $m-n$ 黑箱.如果有 h 条输入线，而第 i 条输入线可能有 $m_i(i=1,2,\cdots,h)$ 个输入值，则总输入值可能有 $m_1 m_2 \cdots m_h$ 个.

造函数表时，最希望而又最困难的是减少自变元的个数，而以能减少到一元为最好.对黑箱来说，至少在理论上，要减少输入线并不困难.我们尽可以只用一条输入线（相当于一个变元），而设法使它可以具有 $m_1 m_2 \cdots m_h$ 个状态（相当于可能的输入值总数）便成了.

事实上，要想使一条线上具有这么多状态，而且要能构造机器，使在输入线上给出某种状态后输出线上便给出某种状态，当状态个数较多时，这是很难办到的，事实上可以说无法办到.例如对加法而言，加数与被加数与和都可以是好多位数，要想在输出、输入线上具有几千万种乃至几万万种状态，事实上是不可能的.

在现实中，与其减少输入线个数（相当于减少自变元个数）而增加每条线上的状态个数,不如采用相反的做法,即增加输入线个数而减少每条线上的状态个数.最极端也最可取的办法是:每条线上只有两种状态,而尽量增加输入线(以及输出线)的个数.

例如,如果我们想造计算加法的黑箱,我们又已知道这个黑箱最多是从事六位数的加法(其和最多为七位,但最高位只为 1).我们与其使用两条输入线和一条输出线,而输入线可具一百万个状态(等于 10^6),输出线可具二百万个状态(等于 2×10^6),不如每条线只具两个状态,而使用 40 条输入线,20 条表示加数,20 条表示被加数($2^{20}=1\ 048\ 576>10^6$),用 21 条输出线表示和($2^{21}=2\times 2^{20}>2\times10^6$).

每个变元只用一条线来管,或全体输出、输入的值都各用一条线的状态来表示,这种黑箱可叫作独行式黑箱,简称独行黑箱.如果使用多条线互相配合,用多条线的联立状态来表示输出、输入值,这种黑箱可叫作并行式黑箱,简称并行黑箱.下面假定并行黑箱中各线只具有两种状态,可叫作通、断状态,以 1,0 表示之.

在并行黑箱中,如果只有八个输入值,可用三条输入线,而八个输入值可分别用 $(0,0,0),(0,0,1),(0,1,0),(0,1,1),(1,0,0),(1,0,1),(1,1,0),(1,1,1)$ 表示.这里自左至右的数字依次表示第一、二、三输入线的通断状态.

要制造黑箱,不外乎是要造一个机器,当给以某个输入值以后,能够给出正确的输出值.换句话说,当各输入线的通断状态确定后(相当于输入值确定),各输出线便获得正确的通断状态.换句话说,我们要设计出一些开关线路,根据它,当对输入线给以一定的通断状态时,输出线便具有我们所要求的通断状态.

这便是通常所说的开关电路设计,也叫作电路逻辑设计,可用开关代数来解决.采用并行式后,制造黑箱的问题在理论上、现实上可说都已解决了.

但是制造黑箱并不能解决“用机器来计算一个函数”的问题.这是因为黑箱有两个致命的缺点:

第一,黑箱只能代人查表而不能代人计算.换句话说,人们必须把各函数值一一计算完毕,才能根据计算所得制造黑箱,这等于把计算结果列成函数表放入黑箱中,黑箱则代人查表,很快地把查表所得输送出来.如果人们只知道该函数的计算方法(计算公式),而各函数值还未逐一计算出来,那么是无法制造黑箱的.可见,辛辛苦苦地制造黑箱,它只起到代人查表的作用,根本不能代人计算,未免太不值得了.

第二,我们日常所计算的函数的输出、输入值并不是有限多个而是无限多个.例如加法函数 $a+b=c$,输入为 a,b 而输出为 c,它们都以整个自然数集作为变域(这是就黑箱所能计算的情况立论,其实一般地它们都以整个复数为变域,这更是黑箱所不能计算的),自然数有无限多个,故输出、输入值的可能个数也有无限多个，无论输出、输入线如何增加，始终不能全部计算.

三、有限自动机

面对这两个困难，我们怎样去克服呢？

我们先讨论第二个缺点，因为它较普遍、带根本性，而且也较易解决. 严格说来，当输出、输入值可能有无限多个时，是不能用物质机器来计算的，因为地球上的物质是有限多的，绝不能具有无限多种状态（用以表示无限多个输出、输入值），从而绝不能用以完全计算该函数的值. 但是我们又须注意，我们绝不需要无限多个函数值，我们只是有限次地使用该函数，每次使用时都是使用该函数的有穷值，例如每次做加法时，都只是两个有穷数相加，得出一个有穷数以为和. 这时我们可以说，每次做加法都可用黑箱来实现.

这样，是否把"无穷性"问题解决了呢？ 我们还是不能乐观. 因为，我们虽然可以说，"人们每次用到的"加法都可以用黑箱来实现，但我们却不能从而便下结论说，"人们所用到的一切加法"都可以用（一个给定的）黑箱来实现，这两句话的差异在什么地方呢？

第一句话是说，人们每次用到什么数的加法，都可以根据所用的加数而造出黑箱来计算，显然这个黑箱是随所用到的加数而变的，加数、被加数大些，便多用些输入线，否则便少用些输入线. 当然，每次的加法都有适当的黑箱来计算. 第二句话是说，可以预先造出一个黑箱，它能够实行人们所用到的加法. 除非事先做出调查，知道人们所用到的加法必不超过若干位数，否则无论你配备多少条输出、输入线，所能实行的加法始终有限，始终有可能满足不了人们的需要.

我们能否满足于第一句话所说的情况呢？ 不能，对于黑箱尤其不能. 如果要先知道相加的两数才临时制造黑箱，如上所述，必须先计算结果. 当已把结果计算出来了，目的已经达到，还造黑箱做什么？ 黑箱（以及函数表）的功用，完全在于一次过地把函数值计算完毕，编成一表或制成黑箱，以供今后人们反复使用，而绝不能临时制造. 人们既然无法预先制造能够满足人们需要的黑箱，那么对于无穷性问题必须另行设法克服.

独行黑箱的特点是每条输出、输入线可具有多种状态（用以表示多个输出、输入值），它是功能较强的机器. 并行黑箱则是每条线的状态个数都是固定的、很少的，它靠增加输出、输入线来表示多个输出、输入值，即靠空间之助来完成任务，功能较弱. 能否不靠空间而靠时间之助来完成任务呢？ 能. 这时每条输出、输入线的状态个数仍是固定的，比如仍只是通、断两状态. 但它不靠增加输出、输入线个数而靠在每条线上继续出现的通断状态来表示输出、输入值. 比如有八个输入值时,它不用三条输入线,利用它们的通断状态而得$(0,0,0)$,$(0,0,1)$等以表示八个输入值,而是在一条输入线上继续输入三次,得出$(0,0,0)$,$(0,0,1)$等以表示输入值.这种靠时间帮助的黑箱可以叫作串行式黑箱,简称串行黑箱.

用了串行黑箱,便可克服上述的无穷性困难,我们可造一个固定的黑箱,它能计算任何两数的加法,因为位数增多时,它只需在两条输入线上多输入几次状态,不必增加输入线,从而不必另造黑箱(输出、输入线有所增减时,便是另造新的黑箱).我们说,用并行黑箱所能计算的数是有界的(n条输入线的黑箱所计算的数至多为2^n),用串行黑箱所能计算的数是无界的(同一线上多输入几次状态,所计算的数便增大).由于现实所需计算的数都是有限的,因此我们认为,能计算的数如果是无界的,则事实上就等于可计算无穷多个数.换句话说,用"能计算无界多个"来代替"计算无穷多个",从而解决了无穷性困难.这是串行黑箱的特有优点,独行黑箱与并行黑箱都是没有的.

但是串行式却有一个致命的缺点,那便是:前后输入的值虽然联合起来表示一个输入值,却不能联合起来以决定输出值.换句话说,黑箱是没有"记忆"的,当第二次输入时,第一次的输入值已经完全"忘却"了,即不再起作用了.正如电子数字计算机中的存储器那样,新数存入后,旧数便自然而然地被冲刷掉.在输出方面,也有同样的情况,每次的输出,都是"最后"的结果而不容有所更改,即不能用第二次的输出来修改第一次的输出.就不能更改这点来说,黑箱真正是"一言既出,驷马难追",一经输出是绝对不能更改的了.具有这样特点的串行黑箱能够计算什么样的函数呢?

我们暂时把每次输出、输入线的状态看作一个数字(或一个字母),由前后输出、输入的数字组成一个多位数(或由字母组成一个字母行)作为输出、输入的值.我们姑且假定第一次输出、输入的是个位数字(零幂位),第二次输出、输入的是十位(一幂位),等等.串行式黑箱的特点是:只能由输入数的个位决定输出数的个位,由输入数的十位决定输出数的十位,即所谓按位计算(例如所谓按位相加等).为什么呢?当把输入数的十位数字输进来时,个位数字已经被忘却,无法参考,而输出数的个位数字已经输出,无法追改,因此自然只能由输入数的十位来决定输出数的十位了.能够采用按位计算的函数具有下列特性 —— 可以叫作保持毗连性或按位计算性:

对一元而言,$f(xy)=f(x)f(y)$;

对二元而言,$f(xu,yv)=f(x,y)f(u,v)$;

……

即只能由输入数的个位x(或x,y)来决定输出数的个位$f(x)$(或$f(x,y)$),由输入数的十位y(或u,v)来决定输出数的十位$f(y)$(或$f(u,v)$),等等.

能够采用按位计算的函数不能说没有,但事实上的确是少之又少的.连最简单的加法($x+y$),乃至于求继数的运算($x+1$),都牵涉到进位而不能完全按位计算.因此串行式黑箱虽然解决了无穷性困难,但所能计算的函数极少,事实上它几乎没有什么实用价值.

我们怎么办呢?我们必须给黑箱以记忆的能力,让它能够记起以往的输入(从而记忆起全部以往的输入),这样它的输出便不单纯由目前的输入决定,而可由整个以往的输入来决定.于是,那些不可以按位计算的函数便有可能用它来计算了.

怎样给黑箱以记忆呢?在探讨这个问题之前,我们要问:添入记忆能力是否必要?能否沿另一途径(不用串行法)解决无穷性困难,从而无须添入记忆能力?

串行式之所以需要记忆,是由于它利用时间的排列,由前后输入的数字组成输入数,当输入后面的数字时,前面的数字容易被忘却而必须依靠记忆.并行式黑箱是没有记忆问题的.我们能否把输入数的各位数字印在一条输入带上,黑箱依次阅读输入带上的各位数字(这点与串行式相同),从而决定输出?全部输入数字都在带上,是不会消失的.当阅读到后面的数字时,如果需要参考前面的数字,尽可以回头重新阅读,参考前面的数字以后,再决定输出.这样既无须增加输入线,有串行式之利;又无须记忆,有并行式之利,这不是最好的办法吗?

其实这种想法是不对的.输入带中所输入的字,如果黑箱可以一次辨认,那么输入带上的多位数实际上等于一位数(一个字母),黑箱根据这个字母决定输出,这实际上等于使用独行法(减少输入线个数,增强每条输入线功能).如果黑箱每次只辨认一个字母,根据逐次辨认各个字母而决定输出,那么辨认第二个字母时,第一个字母便被忘却(如果不给以记忆能力的话),即使输入带上仍记录着该字母,并未消失,但黑箱既已忘却,有也等于没有了.可见,即使使用输入带,如果没有记忆能力,仍然只能按位计算,与串行黑箱无异.

事实上,如果对输入数整个地认识而不加分析,则与独行黑箱无异.如果对输入数加以分析,辨认出它是由什么字母(更小的输入成分)组成,根据其组成而决定输出,这便是计算(不局限于查表),便需要记忆.

顺便还可指出,并不需要记忆以往的输出.新输出当然也可与以往的输出有关,但以往的输出归根到底由以往的输入决定,只要我们记得以往的输入,如有必要,尽可以先得出以往的输出再决定新输出.所以在下文中我们只要求记忆以往的输入,不必记忆以往的输出.

有了记忆,便可以代人计算,上面所提到的第一个问题也同时可得到解决.

如何记忆呢?现在一般用"内心状态"法,简称内态法.假定黑箱本身可具有一种内态,每次输入不但决定当时的输出而且决定黑箱的内态,但不是仅由输入决定而是由输入与当时的内态联合决定.即使输入相同,如果当时的内态不同,也会得出不同的输出与不同的新内态.可以说,有了内态,输出便不仅由当前的输入决定,而且也由过去的输入(通过内态)来决定.所以黑箱有了内态,便能"记忆"过去的输入了.

由输入与内态决定输出,就这点说,内态与输入处于同等地位;由输入与旧内态决定输出与新内态,就这点说,内态与输出处于同等地位.可以说,内态具有两重身份,它既是输出(上阶段的输出)又是输入(本阶段的输入);但又可以说,它既不是输入又不是输出,因为人们既未将它输入给黑箱(故不是输入),黑箱也未输出它们给人们看(故不是输出),它们只是一些计算的中间结果,黑箱暂时把它们保存下来(以免忘却)作为下一阶段计算的参考罢了.

具有内态的黑箱与没有内态的黑箱是有本质的区别的,为此前者特名曰自动机(以强调它能够自动地更改它的内态).如果内态只有有限多个,便叫作有限自动机.

以全加器为例.输入数(加数与被加数)的各位数字是纯粹的输入,输出数(和数)的各位数字是纯粹的输出,各次的进位数字(无进位时为0,有进位时为1)便是内态,它既是由上一位的输入数字作计算的结果(故是输出),又用以决定下一位数字(故是输入).

再以按钮开关为例.人们逐次将开关按压,电灯便一亮一熄.这里"按"是输入,电灯的一亮一熄是输出.同是"按",输出却有亮熄之异,足见这个按钮开关是一个自动机,它具有内态.在本例中,内态与输出相同.根据电灯的"亮、熄"(输出,亦是内态),再加以"按"(输入),便得出新的输出与新内态:"熄、亮".

每个自动机的内态既然不是人们输入的,那便只能是:在制造自动机时便已确定了的.由于自动机是物质机器,因此内态只能是有限多个,而且每一架自动机的内态个数也是固定的.如想更改内态个数,便等于造一架新的自动机.

由于有限自动机的内态个数必须固定,这便使得自动机的功能受到极大的限制,有很多函数不能用它来计算.设自动机的内态只有 m 个,它便只能记忆 m 个不同的过去输入,如果某一位的输出数字,除依靠当前的输入数字外,还依靠过去的输入,而可能的过去输入不止 m 种,则这位输出数字便无法用该自动机计算.例如两数相乘时便出现这种情况.设

$$a_h a_{h-1} \cdots a_2 a_1 a_0 \times b_k b_{k-1} \cdots b_2 b_1 b_0 = c_l c_{l-1} \cdots c_2 c_1 c_0$$

显然积的第 i 位数字 c_i 应如下求(暂不计进位)

$$c_i = a_i b_0 + a_{i-1} b_1 + \cdots + a_1 b_{i-1} + a_0 b_i$$

因此计算 c_i 时除记起前一位的进位外,还必须记起 a_0 到 a_i,b_0 到 b_i 各位数字,a_i 与 b_i 是当前的输入,不必记忆,但 a_0 到 a_{i-1},b_0 到 b_{i-1} 却是过去的输入,必须借助

于内态来记忆.这里一共需记忆 $2i$ 位数字,每位数字有十个可能(从 0 到 9,用二进制时有两个可能),故过去的输入共有 10^{2i}(二进制时为 2^{2i})个可能,要用 10^{2i} 个内态来记忆.当 $10^{2i} > m$ 时,这是不可能的.从而用这个自动机来计算乘法时,绝不可能作两个 i 位数的相乘($10^{2i} > m$).即一切数的乘法不能用一个有限自动机来计算.

这样一来,如要计算两个数的相乘,便需根据两因子的位数而选用内态个数,根据内态个数而造出不同的有限自动机了.使用并行黑箱求两数按位之和时,需根据两加数的位数而选用不同的黑箱,现在使用有限自动机而求两数之积时,又需根据两因子的位数而选用不同的自动机,情况又重复出现了.

以前我们改用串行法,使得只用一架黑箱便可以处理无界多个输出、输入值,从而解决了由于加数的位数不同而使用不同黑箱的难题.如今我们要求制造一架有限自动机,它可以具有无界多个内态,以便处理两数的相乘(而不必管两因子的位数是多是少).

这个要求看起来似乎是很难实现的,但是实际上一点困难也没有.

四、图灵机器

上面说过,内态既是输入又是输出,不用说它与输出、输入是属于同一类型的.输出、输入既然可用通、断(或 1,0)来表示,内态当然也可用 0,1 来表示,并记录到纸上或纸带上或自动机所能处理的任何一种仪器上,自动机"观看""检查"了这些记录后,便把它们与当前的输入合在一起而决定输出以及新内态(又把这新内态记到仪器上).显然这种记录在仪器上的内态可以无界地多(正像输出、输入可以无界地多一样),这种记录的内态和机器本身所具有的内态有同样的功能,但它们是记录在外面的,其出现绝不影响自动机的原来结构.记录的内态或多或少,自动机仍是原来的,并没有变成另一架自动机.

能够把一部分(而且是绝大部分)的内态记录到机器之外,而仍能参考所记录的内态与当前的输入而决定输出与新内态的自动机,便叫作图灵(A. M. Turing,1912—1954)机器.

不是制造机器时所配备的内态,而是根据当前的输入及旧内态所决定并记录在机器之外的内态,今后便叫作外态.因此又可以说,兼具外态的(有限)自动机便叫作图灵机器(这时内外态实际上是无界地多,"有限"两字应该删去).

这个定义和通常对图灵机器所作的定义并不完全相同,但读者由上面所论以及下面的讨论应当可以相信,这两个定义实际上是一样的.

这里先指出一点:在通常的定义中,限定输出、输入必须写在纸带上,由图灵机器的读头逐格地辨认,辨认后把输出也写在纸带上.而我们则假定是由输入线逐个字母（或逐个数字）地输入的，每输入一个字母，图灵机器便相应地给出输出，并记录下它的相应新内态.表面看来，这两个说法很不相同.

其实，由输入线逐个字母地输入，和先写在纸带上，由读头逐格（即逐个字母）辨认，实质上是一样的.当然，写上纸带后，读头可以往返辨认，但既有内态，输入了一个字母后，可以借助于内态而牢牢地记住，也就用不着往返辨认了.容许往返辨认，只是可以减少一些内态个数，并没有质的不同.

这里顺便指出，不光图灵机器，就是黑箱与有限自动机，也可以把输入写在纸带上，由读头逐格辨认，根据辨认结果而给出输出，也写在纸带上，但是三种机器的行为是大不相同的.

就黑箱而言，它是没有内态的，因此读头看见相同的字母时必给出相同的结果（这叫作不参考内态）.由于没有内态，可不必往返辨认（因此第一次辨认所给输出必与第二次辨认时所给输出相同）.如果在辨认过程中从不给出输出，必待全部输入辨认完毕才一下子给出输出，这便是并行式黑箱.如果在逐个字母辨认的过程中也逐个字母地给出输出，亦即对输入字母逐个地作修改而得出输出，这便是串行式黑箱（对串行式黑箱而言，输入、输出写在同一纸带上是方便的）.

就自动机而言，它是有内态的，故读头根据所辨认的输入字母和当时的内态而给出输出.由于内态只配备在机器的内部，不记录在机器的外面，故记在纸带上的输出不准再用作输入（否则它便成为记录在纸带上的外态了）.所以对自动机而言，输出带与输入带最好分开.这时自动机的读头对输出带只能单向运行，已写下的输出不再回头辨认也不再回头修改.但对输入带既可以单向辨认，也可以双向反复地辨认（不准修改，要修改便是输出，应写在输出带上）.上面说过，单向双向的功能是一样的，双向自动机可以配备较少的内态，单向自动机须配备较多的内态，别的没有什么差别.

就图灵机器而言，它有内态，而且有记录在外面的外态，这些记录在外面的外态，不外是上一阶段的输出，目前作为输入而使用.因此图灵机器的一个特点是：除第一次写在纸带上的输入是纯粹的输入外，其余都既是输入又是输出，所以输入带与输出带应合而为一.读头可以在带上往返地反复辨认，并根据内态而反复修改，除开始时纸带上是纯粹的输入外，在其余时间内，纸带上所写的都既是上一阶段的输出，又是本阶段的输入，即纸带上全是外态.图灵机器必须是双向的，如果只容许它单向辨认及修改，则已修改过的部分（输出）不能再辨认，也不能再重新修改，它便不能起新阶段的输入的作用，从而永远不能产生新外态，机器的内态只能是制造机器时所原有的，它便与有限自动机没有差别了.

换句话说，图灵机器与自动机的差别在于：对自动机而言，不准把纸带上的输出再用作输入，不准把修改所得（新写下的）再辨认、再修改.而图灵机器则必须把纸带上的输出作为输入（以形成外态），故对修改所得的（新写下的）可以再辨认亦可以再修改.

五、图灵 — 丘奇论点

由于利用了外态，而外态是无界多个的，我们不但可用同一架图灵机器来计算任何两数的乘法，还可计算好些别的、更复杂的函数. 把图灵机器借助于电子技术以及别的一些生产技术加以实现后，便得出电子数字计算机，它能够计算非常复杂的函数，这已是大家都知道的事情了.

但是，图灵机器（从而电子数字计算机）的力量到底有多大呢？它所能计算的函数到底是些什么样的函数呢？我们已经看到，由独行式黑箱到并行式黑箱到串行式黑箱，再到（有限）自动机再到图灵机器，每次都是由于旧机器力量不够，为了把力量加强而逐步改进的. 改进以后，又发觉力量仍然不够，还须再一次加强，现在到了图灵机器，似乎它的力量仍然有所欠缺，还须在某一方面再给以加强.

出人意料的是，人们在提出图灵机器这个新概念的同时，又提出了图灵论点（一般叫作图灵 — 丘奇（A. Church, 1903—1995）论点），即：凡是能够计算的函数，都可以用图灵机器来计算. 换句话说，图灵机器的力量是最大的，已经无须也无法再加强了. 人们只能在使用方便、速度加快等方面来改进它，要想从力量方面改进，以计算图灵机器所不能计算的函数，那是不可能的了.

为什么人们会提出图灵 — 丘奇论点呢？怎样证明这个论点呢？

这个论点实际上是把通常的直觉上的不大精确的概念（可计算性概念）加以精确化，把它解释为"可用图灵机器来计算". 既然是把不精确的概念精确化，那就谈不到"证明"的问题，所谓证明必须在全是精确的数学的概念之间进行. 对于把不精确的概念加以精确化，我们只能问它是否适当，是否与一般人的预期相符合. 对此，大家认为图灵 — 丘奇论点是适当的，正是人们所预期的. 这可以从以下几方面看出.

第一，直到如今，凡是人们认为可以计算的函数都可以用图灵机器来计算. 比如说，哪怕最强有力、最巨大的电子计算机，它所能计算的函数，都可以用图灵机器来计算（只是速度慢一些，时间长一些罢了）.

第二，直到如今，凡是人们对"可计算的函数"所作的各种精确化，到头来都证明它们是一致的. 这些各种精确化，从各种方面对可计算性作刻画，表面看来，千差万别，但却被证明实质上是一样的，都和"可用图灵机器来计算"等同. 这也增强了图灵 — 丘奇论点的可信性.

第三，有了图灵—丘奇论点后，人们才可以对某些问题给出反面的答案，即

"某某问题是不可解的(意指不能用图灵机器来求解)",而这些从反面所得的答案也的确与人们的预期相符合. 直到如今,可以断定不可解的问题已经很多,它们的确是人们直觉上认为很难解决的. 因此从图灵－丘奇论点而得出的反面答案,也全都被人们所接受,这也增加了图灵－丘奇论点的可信性.

总之,图灵－丘奇论点自提出以来,至今已有四十多年了,符合这个论点的事实越来越多,而违反这个论点的事实却一例也未出现. 所以现在大家都承认这个论点.

既然承认这个论点,那么图灵机器(从而电子数字计算机)所占的重要地位也就很显然了.

但是必须强调指出,我们之所以承认图灵－丘奇论点,承认图灵机器的力量是最大的,那是基于下列的假定:(当串行时)输入、输出的时间是无界的,要多长便有多长,记录外态的仪器是没有限制的,要记录多少便容许记录多少. 如果我们用纸带来记录输入、输出与外态,那便是:该纸带是无界的,要多长便多长. 对电子数字计算机而言,存储器(尤其外存储器如磁鼓、磁盘等)是无界的,要多少便给多少. 我们并不假定"无限多",但必须假定"无界地多". 如果不容许"无界地多",那么对一个极大的常数尚不能表示,哪里还谈得到计算它? 这个"无界地多"的假定是必须容许的. 由于这只是源源地添入纸带或源源地补充外存储器,对机器的结构一点也没有更改,这个"无界地多"的要求也是应该容许的.

我们可以说,如果对电子数字计算机容许无限制地补充空间、时间,那么它是能够计算一切可计算函数的. 有人认为电子数字计算机是有限自动机,因而连乘法也不能计算,我对这个看法是难以首肯的.

六、受限图灵机器

但是,只要对图灵机器略为加上一点点小限制,它的力量立刻大减. 它将只能计算一部分可计算函数,不可能计算一切可计算函数了. 现在我们便介绍一些受到某种限制的图灵机器,叫作受限图灵机.

第一,对于计算所用的空间(存储单元个数,亦即输出、入带上的方格数)和时间(计算步骤个数),不是无界地供给,要多少给多少,而是在开始计算时便需确定. 所确定的个数当然不必是常数,但必须是自变元的已知函数. 换句话说,当计算 $f(x,y,z)$ 时,我们应找出两个已知函数 $g_1(x,y,z)$,$g_2(x,y,z)$,限定只能使用 $g_1(x,y,z)$ 个存储单元,只能在 $g_2(x,y,z)$ 步内算出. 这就意味着一开始便把空间配足,把时间算足,人可以走开,过了一定时间再回来观看结果,无须守候在机器旁边,随时供应单元,随时等候结束. 可以证明,做了这个限制以后，图灵机器所能计算的函数便限于初等函数（即由加减乘除与迭加迭乘所能做出的函数），它比原始递归函数类还要小得多.

近来人们还对图灵机器加以更强的限制，限定 g_1, g_2 只能是 x, y, z（自变元）的多项式，连使用 2^x 个单元或使用 2^x 个步骤也不允许，认为这也是机器在现实中做不到的. 在这个加强的限制之下，所能计算的函数更少了. 做了这么强的限制后，所能计算的函数到底具有什么特征，是人们目前正在大力研究的. 限定 g_1, g_2 为 x, y, z 的一次式，也极受人们的注意.

顺便说一句，如果再加强限制，把 g_1, g_2 限于某些常数（与输入 x, y, z 无关），那么图灵机器的外态只有固定多个，与内态合在一起也只有固定多个，这时图灵机器便变成有限自动机了.

第二，单向图灵机器，即读头只准沿一个方向（比如向右）移动，不准回头. 这时即使容许改写，改写结果也不能再次辨认，实质上是任何输出不能再作为外态，改写的东西或为输出或为无用的中间结果. 这种单向图灵机便是单向自动机（有输出的自动机）.

第三，不准改写的图灵机器，即是说虽然容许读头往返地反复辨认，但不准改写，输出带永远是空白的，输入带上永远是当初的输入，这样根本无法产生外态. 这便是一般所说的双向自动机，它的力量与单向自动机相同.

第四，如果对改写方式有所限制，也会得出弱于图灵机器的各种自动机. 最有名与最常见的是下推自动机与堆栈自动机（下文我们仍把输入带与输出带分开）. 允许输入带往返辨认的叫作双向的，不允许往返辨认的叫作单向的. 在输出带上既准改写又准辨认（对输出而辨认，便是外态了），但每次改写时必须在最右格改写，如想在中间一格改写，必须将它右方各格全部改成空白格才行. 由于有这个特点，所以有"下推"与"堆栈"的名称. 下推自动机不准回头辨认输出带，堆栈自动机则在辨认而非改写的情况下，可以回头辨认以往的改写结果. 可以证明，堆栈自动机的力量强于下推自动机，下推自动机的力量又强于有限自动机，但即使是堆栈自动机，它的力量也弱于一般的图灵机器.

研究各种受限图灵机器的特性，这是自动机理论的一个重要课题，这里我们就不多说了.

什么是理论计算机科学①

计算机的发明和应用是科学技术史上的头等大事之一，越来越多的人已经乐于接受这种看法了.

近半个世纪以来，围绕着计算机的研制和应用，逐渐形成了一系列的技术学科和理论学科，它们各从一个角度来研究其中遇到的某种问题，如：体系结构、外围设备、操作系统、程序语言、程序设计方法学、软件工程、数据结构、计算机图形学、图像处理、模式识别、人工智能等. 而这些学科的基础理论，就是理论计算机科学.

一切理论科学都是把现实世界中的对象及其相互关系用抽象的数学的或逻辑的形式表现出来，概括成概念、公理、定律、原理等，然后进行理论上的研究，从而提出新的概念，发现新的规律，并在现实世界中解释和利用这些新的概念和规律. 因此，理论科学不只是对知识的整理和深化，更重要的是它可以使我们在实践领域中不断地前进. 理论计算机科学对自己的要求正是成为这样的一门科学.

目前，理论计算机科学是一个非常活跃的学术领域. 几乎没有任何一个年轻的学术领域像它这样富有成果. 然而，也正因为它既年轻又丰富多彩，所以人们对它的认识也就很不一致. 本文只是作者个人的一些看法，提出来供读者参考.

①　本文摘自《自然杂志》第 7 卷(1984 年) 第 6 期，作者马希文.

一、元计算机科学

元计算机科学是关于计算机科学的元理论. 每种理论都有一个相应的元理论, 它分析这个理论的自身. 比如: 这个理论与客观世界的关系如何; 怎样精确定义这个理论中的基础概念; 研究这个理论的界限等. 对于数学来说, 它的元理论就是元数学, 在元数学中研究数学的基础概念(集合论、公理化方法等), 并发现数学理论的界限等.

元理论中会有许多否定的结论. 例如元数学中的哥德尔(K. Gödel, 1906—1978)不完全性定理, 从某种意义上说是指出不可能从一个公理系统出发推导出数学家关心的一切成果. 这就指出了当代数学方法的界限. 因此, 这种结论虽然是否定的, 但却有积极的意义. 元计算机科学的情况与此类似.

元计算机科学的第一个课题就是精确定义什么是计算机, 而要给出计算机的一般定义, 就要说到它的功能 —— 计算. 因此, 什么是计算, 什么是可计算性, 就成为元计算机科学中最基本的概念.

数学的经验告诉我们, 对于基础概念仅凭直觉来处理会导致悖论. 有些著名的数学悖论在计算机科学中还有翻版. 下面举的例子就是数学中的罗素悖论在计算机科学中的翻版.

在许多计算机语言中, 允许程序员自己定义一些函数, 而且函数的参数又可以是函数, 例如

$$\underline{\text{def}} \; \text{sum}(f) = f(1) + f(2) + f(3)$$

定义了函数 sum, 它的参数又是一个函数. 如果用平方函数 sq 代入 sum, 可以算出

$$\text{sum}(sq) = sq(1) + sq(2) + sq(3) = 14$$

现在定义

$$\underline{\text{def}} \; p(f) = \underline{\text{if}} \; f(f) = 0 \; \underline{\text{then}} \; 1 \; \underline{\text{else}} \; 0$$

那么当把 p 本身代入 p 中时就会得到

$$p(p) = \underline{\text{if}} \; p(p) = 0 \; \underline{\text{then}} \; 1 \; \underline{\text{else}} \; 0$$

这在直觉上是荒谬的.

因此, 为了避免悖论, 我们必须谨慎地处理把函数自身用作自身的参数的问题.

其实这个问题并不是故意制造出来难为人的. 如果我们直觉地描述计算机的工作, 那么就可能出现类似的问题. 比如说, 用 L 表示计算机内存单元的集合, V 表示每个单元可能存放的值的集合. 那么计算机的状态就可以用一个从 L 到 V 的函数来表示. 计算机指令的功能是把一个状态变为下一个状态, 因此,

指令就是状态到状态的函数. 设计算机当前的状态是 c, l 是某个内存单元, 那么 $l \in L$, $c(l) \in V$, 而 $c(l)$ 就是这个内存单元当前存放的值. 这个值本身又可能是一条指令. 执行这条指令以后, 计算机的状态是什么呢? 就是 $c(l)(c)$. 这就出现了上述的问题, 必须谨慎处理.

总之, 如何定义计算机、计算等, 绝不是一件轻而易举的事.

其实, 多年以来, 数学家就从多种不同的方面研究了这个问题. 1900 年希尔伯特 (D. Hilbert) 提出了著名的第十问题, 问能不能找到一个算法来决定任意一个整系数的代数方程是否有整数解. 对这类问题的研究导致了递归论的出现. 到 20 世纪 30 年代, 图灵和丘奇分别建议将我们现在仍然使用的图灵机器和 λ — 演算 作为计算模型 (即抽象计算机). 计算机问世以来, 王浩、闵斯基等人陆续提出了许多抽象计算机的概念, 这可以看成是图灵路线的发展, 而丘奇的路线则被克林 (S. C. Kleene, 1909—1994)、麦卡锡 (J. R. McCarthy) 等人发展了. 此外还有形式语言、逻辑网络、程序图式等种种不同的模型.

可见元计算机科学的研究先于计算机的发明. 这并不奇怪. 正是对于计算的一般研究才使人们了解了如何把计算归结为一些基本的步骤, 而这种基本步骤种类很少、组织简单, 这样才有想象通用计算机的可能性. 另一方面, 作为现代计算机最精华的思想基础之一的程序内存概念, 和通用图灵机的抽象研究也有深刻的联系.

不论使用什么计算模型, 都可以问如下的问题:

(1) 给定某个问题的类, 问它是不是可计算的?

(2) 如果对上面的问题有了肯定的答复, 那么计算的复杂程度如何?

这里说到了复杂度, 可以从不同角度来讨论它. 比如时间和空间的代价, 程序的规模等, 前者叫作计算复杂度, 后者叫作描述复杂度.

特别值得指出的是, 人们发现一个问题类的可计算性, 甚至计算复杂度, 并不依赖于采用什么计算模型来讨论它 (至少对于已有的计算模型是如此). 这说明可计算性、计算复杂度是问题类的固有性质. 这就是有名的丘奇 — 图灵论题及洪加威对它所做的推广. 这个论题有一点像经典物理中的能量守恒定律 —— 对于已知的能量形式都已证明了, 对于未知的能量形式, 人们也相信如此.

还要说到复杂性的研究对数学产生的影响. 例子之一是描述复杂度与概率的关系. 一个有穷长的 $0 - 1$ 序列的描述复杂度是指在某个理想计算机上产生这个序列的程序的最小长度. 设有一个无穷长的 $0 - 1$ 序列 $s = \{s_1, s_2, \cdots\}$, 如果用 j_n 表示 $s_1, \cdots, s_n$ 的描述复杂度, 那么 j_n/n 的极限 (如果存在的话) j 就叫作 s 的算法信息量. 现在设 s 是一个二项分布的独立试验序列的样本, 其中 0 和 1 的概率分别为 P 和 $1 - P$. 那么除了很小的概率之外, 对于较大的 k 来说, s 中 0 和 1

的数目各应接近于 kP 个与 $k(1-P)$ 个. 据此,可把 s 重新编码,使每个长为 k 的段落的编码长度接近于 $kh(P)$(其中 $h(P)=-P\log_2 P-(1-P)\log_2(1-P)$)这个想法可以用精细的数学方法陈述出来,并据以算出 s 的算法信息量等于 $h(P)$(概率为1). 这样就可以反过来从算法信息量来定义概率. 这种定义较之传统的定义有许多优点.

当前元计算机科学中最活跃的部分是计算复杂性理论. 它不但与软件有关,而且已经开始把它的触角伸进了硬件的领域. 特别是著名的 P = NP? 的问题. 它不但关系着计算机长远发展的可能性,而且因为它涉及确定性计算(通常认为这是计算机的特点)和非确定性计算(通常认为这是人类心智所特有的能力)的异同问题,所以引起了哲学界的关注.

二、人工智能

计算机的社会价值首先表现在它的应用方面. 因此,作为开辟计算机应用领域的方向的人工智能,就在计算机科学中占有一个特殊的地位.

早期的人工智能学者普遍有一种盲目的乐观情绪,认为计算机可以模拟人的智能行为,或至少可以使计算机具有某种形式的智能行为,现在大家开始理解到这是一种错觉. 因为智能并不是现代计算理论中所说的计算,更确切地说,智能行为无法用元计算机科学能接受的方式表述为一个可计算的问题类. 关于这一点,很早就有人提出过警告,但更多的人被人工智能的早期成果迷惑住了. 这种情况很像从前有些人对钟表的错觉那样.

人工智能的研究有它的理论方面和技术方面. 理论方面的研究目标是发现新的问题类和新的问题求解策略.

这里说到了问题求解. 数据处理、组合图论、整数规划、医学诊断、辅助设计等领域中都有大量的问题求解工作要做. 这些是计算机科学与其他学科的边缘地带. 这些方面的工作到底应算成哪个学科的事,是常有争议的. 从理论计算机科学的角度来看,关键不在于问题的外在形式,而在于它的内部结构. 应该以较抽象的办法描述想要求解的问题. 问题类型的不同,影响到它的数据结构、程序结构和求解策略.

最一般地说,一个问题总是利用已知的知识 K,对于给定的数据 D 进行加工,以期得到解答 R,其解法则用某种程序 P 表述.

当知识比较充分时(多数科技计算的问题都是如此),人们可以在看到 D 以前根据 K 写出 P,这个 P 对一切 D 都适用.

当知识不够充分,或 P 太复杂时,我们还可以考虑如下的办法:写出一个元程序 M,对于给定的 D,它根据 K 做出一个程序 P 来专门加工 D. 这时,M 可以

通用于一大类 K,但总是得到 D 以后才做出 P 来. M 通常叫作问题求解程序.

这种 M 中通常并不包含 K 中的具体细节.因此,对 M 的研究就脱离了问题的具体领域,成为人工智能内部的课题了.这也正是人工智能理论的核心课题之一 —— 搜索.

人工智能理论的另一核心课题是知识的表达,就是如何把知识形式化的问题.知识与客观真理不同,它总是局部的、片面的或表面的,在解题过程中还会不断地更新.知识的表达方式应适应这个特点,所以采用寻常的逻辑表达有困难.这个问题吸引着人们去开展非经典逻辑的研究,例如认知逻辑、容错逻辑等.

人工智能的研究不但可以开辟计算机应用的新领域,还可能发现现代计算机能力在某些方面的具体界限,从而导致新的、本质上不同的计算理论或计算机械的产生.这个看法早已有人提出过.这是值得注意的问题.

人工智能的技术方面的研究往往涉及各应用领域的课题.例如在吴文俊关于初等几何(及初等微分几何)中的定理的机器证明工作中,最核心的部分都是一些数学工作.这些工作是人工智能领域与它的应用领域互相交叉、重叠的部分.有时还会由此产生新的边缘学科,例如计算逻辑、计算语言学等.这些学科也成为广义的理论计算机科学的组成部分.

三、数据结构

在计算过程中,原始数据、中间结果、最终解答、所依赖的知识(在元程序的场合)等都是数据,数据在观念上以什么方式存在于计算过程之中,叫作数据的结构.数据结构的研究对于如何表述想要求解的问题是必需的.以不同形式表述同一个问题会导致不同的数据结构.数据结构的差异又影响着求解的过程以及这个过程在计算机上具体实现的方式和效率.因此.数据结构的研究还会影响到计算机硬件的研究.

得到广泛应用的字符串、表、阵列(或称数组)、文件、堆栈、记录、指针等都是重要的数据结构.对它们的研究已有十分丰富的成果.

然而,还需要一种抽象形式的研究作为具体的数据结构的理论基础.这种研究所面对的是更一般性的问题,例如:怎样从已有的数据结构构造出新的数据结构?什么是一种数据结构内部的逻辑关系的基础?不同的数据结构之间有什么关系(怎样互相归约、转化,怎样比较等)?如果不准确细致地研究这类问题就谈论问题的求解,将会在逻辑上发生困难.在这方面,理论的成果尚不充分,因此在使用具体的数据结构时往往依赖直觉.这种情况应该得到改变.

在数据结构的研究工作中,人们使用了逻辑方法、代数方法以及组合数学的方法,这也很可能促进这些学科本身的发展.

四、程序理论

把数据和求解的步骤结合起来就成为程序.因此程序就是从观念上对一个计算方案的描述.把程序实现出来就成了软件.程序理论是软件的基础.

有一点是肯定的:现有的多数软件都不能说是可靠的.一个大的软件工程往往有半数的代价花在调试阶段,而已经成为商品的软件还是需要排误.结构程序设计经过了十余年的努力也未能使这样的局面得到根本好转.这就是所谓的"软件危机".

因此,对程序的理论研究就越来越成为重要的课题了.

程序理论的目标就是要解决程序的可靠性与效率(时间、空间)之间的矛盾.比较数学化的程序容易读、容易写,也容易证明其正确性,从而比较可靠.但是效率却往往很低.为了提高效率,必须考虑到计算机的特点,比如采用手编程序,但这种程序的可靠性是很差的,在这个方面会消耗程序员极大的精力.

人们设想了几种办法(或路线)来改进这种状况:

(1)程序合成.从对计算结果的功能描述出发,按照理论上精心研究的办法来合成程序.这是在保证可靠性的前提下,尽可能照顾效率的办法.

(2)程序变换.把已知的正确程序进行适当的变换以改进它.这是在维持可靠性的前提下改进效率的办法.

(3)程序验证.检验已设计好的程序与它的功能描述是否一致,如果不一致,指出问题所在,以便修正.这是在保证效率的前提下逐步改进可靠性的办法.

不管采用上述哪一种办法(或路线),都需要对程序理论进行深入的研究.在程序理论中,要研究程序功能的逻辑基础或数学基础.这绝不是一件轻而易举的事.例如,我们定义了函数

$$\underline{\mathrm{def}}\ F(x,y) = \underline{\mathrm{if}}\ x = y\ \underline{\mathrm{then}}\ y+1\ \underline{\mathrm{else}}\ F(x, F(x-1, y+1))$$

是否对于任何的 x, y 都有

$$F(x, y) = \begin{cases} y+1, & \text{当 } x = y \text{ 时} \\ x+1, & \text{当 } x \neq y \text{ 时} \end{cases}$$

呢?如果把上面的定义看成函数方程,这的确是一个解.问题在于这个方程的解不是唯一的,比如

$$F(x, y) = \begin{cases} x+1, & \text{当 } x \geqslant y \text{ 时} \\ y-1, & \text{当 } x < y \text{ 时} \end{cases}$$

也是一个解.然而计算机计算的结果却是确定的.所以只凭直觉(甚至加上朴素

的数学推理)无法判断这样定义一个函数是否合理,计算的结果如何等.从另一个角度说,在实现一个语言时,也不知道应该如何实现这个函数.

总之,只有深入研究了程序理论,才有可能真正解决程序的可靠性与效率的矛盾,才能对如何解决"软件危机"提出有价值的见解.

当前,程序验证方面的研究工作正在吸引着许多学者的注意.再经过一段时间的努力之后,可望有验证系统提供给一般程序员使用,这将使程序设计的观念、思想以及方法论发生深刻的变化.为此专门设立了麦卡锡奖——以最先提出程序验证概念的麦卡锡命名的学术奖.这是一个值得注意的动向.

五、程序语言

程序一定要用某种语言来表达,因此要针对各类性质不同的程序设计出确切而方便的语言.

语言的设计者怎样把他设计的语言描述清楚呢?怎样才能检验一个语言的设计是否合理呢?怎样才能保证一个语言能在计算机上实现呢?什么样的语言才是好的语言呢?这是程序语言理论面对的课题.

最早的 FORTRAN 语言是用英语描述的,后来 ALGOL 60 采用巴斯克设计的办法来描述语法,PASCAL 用语法图来描述语法,就要准确得多.但这两种方法都不是完全的,还要用英语做许多补充说明.ALGOL 68 采用二级形式的语法公式来描述语法,把语法规则形式化了,但是这种语法离开语法分析又太远了,不是一种大家都乐于采用的方法.到底怎样描述语法才好,这仍然是一个有待解决的问题.

语义的描述更加困难,我们至今没有看到任何一个语言的文本正式采用某种形式化的方法来描述语义.这恐怕主要是语义的范畴本身需要很好地形式化.这是很重要的问题,这方面的研究是理论计算机科学最活跃的分支之一.毫无疑问,这方面的理论(即形式语义学)对于设计更好的程序语言是有益的.一种好的语义描述应该既有利于理论研究,又有利于语言的实现,并最后从逻辑上消除使用者发生误解的可能性.这种误解在当前是广泛存在的,以致一个使用者即使很有经验,如果只看文本而不动手试验,也极难做到正确理解一个语言的各种细节.

语言的定义除了语法、语义外,还有语用,这涉及环境的范畴.早期的程序语言都是在批处理的环境下发展的(结构程序设计的思想也是以此为背景的).分时系统、分布系统的出现使程序员有可能在更大程度上与它的程序"对话".于是出现了许多新情况,如对话式程序、逐步编译等.随着计算机系统的发展,环境还会不断丰富、更新.这方面的理论研究还没有真正开展起来.

语言还有不同的风格.一方面,现有的大多数语言从汇编语言到 ADA 都是命令式的语言,都是以抽象的形式来写存储器的分配和机器指令,也可以说是为某种抽象的计算机写存储器的分配和指令,这是元计算机科学中图灵路线的发展.这种语言中有强烈的时间或顺序观念,其数学描述和逻辑描述都很麻烦.

另一方面,也出现了另一种风格的语言,如 LISP(指它的核心部分)和 FP.这些语言产生于用函数来描述计算的丘奇路线.这就是函数式语言.函数式语言在数学上比较简单,但在实现方面尚面临难题.根本原因是:现代的计算机是图灵路线的产物.这种计算机在体系结构上的弱点已经暴露得很充分了,这就是所谓冯·诺伊曼瓶颈现象(指计算机的每次一个字的加工方式).函数式语言需要用完全不同的体系结构来支持它.这方面已有许多理论设想,LISP 机器的研究则是实践方面的尝试.

从长远看来,逻辑式语言如 PROLOG 更有吸引力.因为它只描述问题,并不描述计算本身.从某种意义上说,这就是预先准备好了元程序,只要程序员写出其所依赖的知识和输入的数据就行了.这种语言的实用化还有待人工智能的进一步发展以及硬件方面的重大革新.

当前函数式语言正在崛起,其发展趋势是十分值得注意的.

六、计算机系统

一切计算最终要在计算机系统上实现,因此理论计算机科学的最重要成果应该表现为计算机系统的不断更新.计算机的换代绝不只是物理的、技术的变化.实际上,许多程序中的概念都在不断地硬件化,浮点算术、页式存储、栈机器、LISP 机器、微程序机器、中断处理、并行处理、向量机器等,无一不是如此.

其实,硬件与软件之间并无绝对的界限,许多问题是相通的、共同的.计算机科学理论的研究同时涉及两者,或者说对两者都有贡献.只不过软件有更便利的条件来享用这种研究成果罢了.把理论计算机科学看成是专为软件而设的,甚至比作软件的软件,这是一种误会.

硬件与软件相比,可塑性差,但是效率高.因此,要想使计算机的能力明显地提高一步,总要在硬件方面采取措施.

现在国际学术界已在议论第五代计算机的问题.从电子技术的角度来看,计算机经历了电子管、晶体管、半导体组件直到大规模集成电路的四代,正准备向超大规模集成电路的方向过渡.这将给计算机系统提供许多新的可能性,使更多的理论成果有实现的机会.

所谓的第五代计算机到底会是什么样的呢?或者说,今后若干年之内,计算机系统会出现什么新的情况呢?恐怕其发展会有以下几个特点:

（1）递归计算的体系结构. 大规模集成电路的发展, 使得并行度很高的计算机的出现成为可能. 但是像向量机、数据流计算机这样的体系结构不大可能是下一代计算机的主流, 因为它们与传统的程序语言距离太大, 而用传统程序语言写的软件又不能轻易地丢掉. 递归计算的体系结构则既能有效地支持函数式语言, 又能支持传统的程序语言, 因此是最有力的竞争者.

（2）非线性的内存组织. 用线性地址访问内存从技术上来说是合理的, 但却限制了结构化数据的结构方式, 常常给数据结构和程序语言带来难题. 软件工作者不得不花费大量的心血来做削足适履的工作. 下一代计算机的内存应能根据数据结构临时组织起来使用. 从观念上说, 这就要求计算机内存具有可变的树结构. 从技术上说, 这已不是不可想象的了.

（3）采用函数式的语言. 传统的命令式语言无疑是有重大的历史功绩的. 但是函数式语言在可靠性方面占有无可否认的优势. 一旦体系结构能有效地支持函数式语言, 现用的命令式语言就完成了历史使命. 有许多学者主张下一代计算机索性采用逻辑式语言. 这不无道理. 但是有效地实现逻辑式的语言涉及许多远未解决的理论问题, 甚至像 P＝NP? 这样大的问题. 恐怕下一代计算机等不及这些问题被解决了. 相反地, 函数语言所需要的技术支持是明确而现实的, 因此它是一种理想的过渡形式 —— 准备在条件成熟时过渡到逻辑式的语言.

（4）人机共生的软件支撑环境. 一方面, 当前扩大计算机应用所面临的最棘手的困难之一是问题的计算复杂度太高. 许多应用问题的数学模型都是 NP 完全的. 换句话说, 除非 P＝NP? 的问题得到正面的解答, 否则为这种问题写出一个实际可行的程序就没有任何指望. 另一方面, 人工智能的许多实验说明, 人与机器共生的系统会有同时大大超过两者的能力与效率. 因此, 应该有一种人机共生的软件支撑环境, 它使人与程序的交往能够极为方便地高效率地进行. 这在软件工程方面已经积累了许多经验, 有些基本部分已有人在进行硬件化的尝试.

（5）人机接口的智能化. 要想使计算机社会化, 最关键的一件事是使操作和使用计算机变得十分简单. 当前的应用系统几乎都要有专用的命令语言, 使用每一个个别的应用系统都多少要受到一些专门训练. 下一代计算机应改进这种状况. 人们设想了图像、手写、口述等作为人机接口的物理形式, 看起来都很有吸引力. 但这些方面的工作离实用化有相当的距离. 从目前情况来看, 以书面自然语言（使用者的母语）的键盘输入为主, 辅之以简单的图形、表格等作为人机接口的物理形式, 是比较现实的. 自然语言的处理在通用机上大都效率很低. 这个问题可以指望由专门的硬件来解决.

当然, 下一代计算机到底会是什么样子, 这要由多方面的因素来决定, 还要受技术、生产、商业等环节上的机遇的影响.以上所说的,不是什么预测,只是从理论计算机科学这个角度来谈的一些看法而已.有些学者所说的第五代计算机是远比以上的看法更加宏伟的设想.但那恐怕不是在可以预见的若干年内能真正实现的.

以上是对理论计算机科学主要内容的一些看法.这些看法最后归结为这样一个结论,即理论计算机科学是涉及计算机技术的各个领域的.

理论计算机科学的研究工作者多数都有数学的或逻辑的背景.在我国,二十余年来不断有大批的中、青年人从数学方面转向计算机领域.每过一定的时间,特别是理论计算机科学发展到一个新的阶段的时候,往往是由一些新人最先接受和传播新的思想.因为正是这些人,尚未陷入技术细节,保守思想较少,而新的思想往往又需要新的数学背景.当然,这不应机械地理解为已在计算机领域工作多年的人就不可能前进了.只是不同背景的人有不同的长处和短处,对问题的看法有不同的侧重点,应该分工合作,良好的学术气氛是他们之间的桥梁.

当前,发展计算机事业已经成为国策.然而,一方面,计算机的研究、开发、生产的队伍还太小,而且亟待再学习;我们的计算机事业技术贮备不足,理论贮备则更加欠缺.这些都严重地影响着计算机事业的发展.因此,设法使一批受到良好数学教育的年轻人转到计算机领域中来是一件迫切的任务,不能再拖延下去了.

另一方面,在我国高等院校计算机系科的教学中,理论环节都十分薄弱,教学内容大多是一些知识性、技巧性课题的堆积,理论水平较低.这样培养的学生不易适应计算机科学技术的迅速更新.但应看到,我们的教师大都有较好的数学素养,许多人还有计算机硬、软件方面的实际经验,再学习一些理论计算机科学的知识,就可以使他们的教学工作有明显改进.因此,应该有组织、有计划地安排这些教师再学习.计算机系统的课程设置应该逐步调整,教材内容也应该逐步更新.

至于理论计算机科学工作者,则应努力结合实际、面向实际,努力做到深入浅出.与力学、物理学、统计学等方面的理论研究相比,我们还要做出很大的努力.

理论计算机科学中的一些问题①

理论计算机科学又名计算理论,是一个十分庞大且正在迅猛发展的领域.这里仅就笔者自己的工作和熟悉的方面做一简单的介绍.

一、时间和空间

通常,我们说一个问题是可计算的,实际上是说一个问题类是可以用一个统一的机械办法来计算的,这个问题类包含无穷多个个别问题.关于统一的机械办法的定义,则依赖于计算的模型.我们有很多个计算的模型(例如图灵机器、齐一线路、向量机器、硬件修改机器、聚团等),那么会不会有一类问题在某一计算模型下是可计算的,而在另一计算模型下是不可计算的呢? 我们有下面的:

图灵论题(图灵,1936) 各合理的计算模型之间可以互相模拟.

也就是说,只要在一个模型下可以计算,那么在别的"合理"的模型下也可以计算;你能算的我也能算,你不能算的我

---

① 本文摘自《自然杂志》第 8 卷(1985 年)第 2 期,作者洪加威.本文为作者为 1984 年 1 月在中国科学院第五次学部委员大会数学学部会议上所做的特邀报告.

也无可奈何.

但是只考虑原则上的可计算性而不考虑计算的复杂性是不够的. 例如, 我们希望知道某个 n 位二进制数 W 有无真因子, 这当然是一个问题类. 如果用普通的办法, 用一个个小于等于 $\sqrt{W}$ 的正整数去试除 W, 那么在最坏情况下所需的时间是 n 的指数函数, 所需的工作空间(可以理解为用以打草稿的黑板面积)是正比于 n^2 的; 如果换用并行的算法, 即很多人同时用不同的数来除, 所需的并行时间就正比于 n^2, 而空间就变成 n 的指数函数了. 这些都是确定型算法. 还有一种算法叫作非确定型算法, 就是猜一个数, 然后用它去除 W. 这种算法所需的时间定义为一次猜测和验证所需的时间, 在这个例子里当然不会超过 $O(n^2)$.

由此我们可以看到, 有许多不同的计算类型(例如确定型、非确定型、交错型、随机型等), 对于每一个给定的计算类型而言, 又有许多个资源(例如时间、空间、巡回、硬件、深度、宽度、大小等).

首先应该决定哪些资源是基本的. 笔者在文献[1]中给出了巡回(reversal)的一个统一的定义(对于并行模型而言, 它相应于并行时间), 并且指出了两个最基本的资源是巡回和空间(而不是串行时间).

假定你要统计张三的选票, 最简单的办法是, 每念到张三的名字就在黑板上划一道, 这样从左往右一道接着一道地划下去, 你的手就只需朝一个方向移动, 也就是说, 手来回移动的次数(巡回)是 1. 但这样占用的黑板面积(空间)太大了, 正比于张三所得的票数 n.

如果采用二进制或十进制的记数法来记录张三的票数, 每念到张三的名字就把原来记录的票数改成加上这新的一票以后的票数, 这样所需的空间 $S(n) = O(\log n)$. 但手来回的次数又多了, 巡回 $R(n) = O(n)$. 所需的串行时间(总运算量)则为 $T(n) = O(n \log n)$. 你还可以想出许多其他的记数法, 甚至可以用两只手, 但是永远会有 $R(n)S(n) \geqslant cn$, 这里 c 是一个常数. 我们将看到巡回 $R(n)$ 是虚拟的并行时间.

拉科夫 — 戴蒙德(Rackoff-Dymond)猜想　　对任何一个计算问题, 如果 $R(n)S(n) = o(n)$, 则 $S(n) = O(1)$.

笔者证明了下面更强的结果[2]:

定理 1(1979)　　如果 $R(n)S(n) = o(n)$, 那么 $R(n)S(n) = O(1)$.

因此, $R(n)$ 和 $S(n)$ 都等于常数. 这个定理说, 除了最简单的计算以外, 空间和巡回(虚拟的并行时间)的乘积都至少正比于 n. 换言之, 时空互相制约, 它们之间有某种对称的关系. 这是目前为止唯一可用于一切计算问题的一个折换(tradeoff)定理.

上面所说的统计张三选票的第一种办法所费的巡回很少, 第二种办法所需的空间很小，但它们所花费的真实时间与总运算量成正比，都至少是 n. 我们希望更快地统计出票数，就得采取并行的算法. 每个人只统计两张选票，并把结果告诉自己的组长. 每个组长把自己组的两个组员统计的票数相加，再报告给自己的上级，如此等等. 于是一共需要 $\log n$ 个层次，每层只要做一个不超过 $\log n$ 位的加法，所以总的并行时间为 $O(\log^2 n)$. 如果更精巧地设计一下，并行时间可降低为 $O(\log n)$. 于是我们看到，空间和巡回都可以转化为真实的（并行）时间. 一般地，我们有：

定理 2（Borodin，Stockmeyer，洪加威）　对于任何计算类型和任何计算问题而言，空间和（虚拟的或真实的）并行时间是多项式相关联的.

换言之，当且仅当一个问题类有一个高度节省内存的算法时，它有一个高速并行算法. 这再一次表现了时空的对称关系（图 1）：

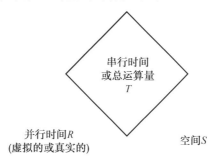

图 1

串行时间或总运算量 T 相当于并行时间 R 和空间 S 的乘积，而并行时间和空间又是对称的.

严格地讲，R,S,T 的定义都是依赖于计算的模型的，分别叫作并行时间、空间、串行时间的复杂度. 计算模型之间千差万别，有并行的，有串行的，会不会有的问题在一个模型中时间或空间的复杂度很高，但是在别的模型中却很低呢？图灵论题虽阐明了可计算性对于模型的无关性，但是没有提及各模型之间计算的复杂程度有何不同. 1980 年，笔者在第 21 届计算机科学基础大会上提出了下面的原理：

相似性原理（1980）　各理想的计算模型不仅可以互相模拟，而且使用本质上同样多的（虚拟的或真实的）并行时间、空间和串行时间（或总运算量）. 三者同时成立. 所谓"本质上同样多"，是指只差一个多项式.

对于目前提出的各种理想计算模型和计算类型，相似性原理已得到证明. 相似性原理在多项式相关联的意义下，阐明了时空复杂度与模型的无关性. 它的一个重要推论是：

定理 3（1980）　虚拟的并行时间可以自动转换成真实的并行时间，并且不需要付出本质上更多的空间及总运算量（串行时间）作为代价.

例如我们做加法，只要从右到左扫描一遍就行了，所以巡回（虚拟的并行时

27

间）是很少的.由这个定理可以自动得到一个并行时间为 $O(\log n)$ 的高速加法器（硬件）.

现在考虑一个具体的计算问题:给了若干个正整数,例如 $10,9,8,5,2$,问能否把它们分成两部分,使两部分的和相等.答案一眼可看出,对这个例子是可能的,因为 $10+5+2=9+8$.能不能编一个程序来回答呢？也很容易,只要把各种可能都试一遍就行了.但是这样一来总运算量 $T(n)$ 将是输入长度 n 的一个指数函数,将引起指数爆炸,n 略大实际上就不能算了.对上面这个问题我们找到了一个串行时间为指数函数的算法,说明它的固有的串行时间复杂度不大于一个指数函数,用我们的术语,就是问题固有的串行时间复杂度的一个上界是指数函数.如果我们能证明:任何一种算法的串行时间都必须大于等于某一函数,那么就称这个函数是一个下界.问题本身的固有复杂度介于上界和下界之间.如果上界和下界一致了,问题的固有复杂度就找到了,从数学上讲就算是解决了问题.那么上面这个问题的固有串行时间复杂度到底是一个指数函数还是一个多项式呢？这就是有名的 NP＝P? 问题.它之所以重要,是因为有三千多个具有重大实际意义的问题,诸如整数线性规划、货郎担问题等,都与之密切相联.这些都是所谓的 NP 完全性问题,只要其中一个问题有了快速算法,则不仅所有这些 NP 完全性问题都有了快速算法,而且更大的一类问题 —— 所谓 NP 问题也都有了快速算法.（库克（S. A. Cook）于 1973 年提出第一个 NP 完全性问题,因而获得 1983 年计算机科学的最高奖 —— 图灵奖.）但是直到现在,数学家和计算机科学家绞尽了脑汁,还是只能得到一个平凡的指数函数上界和一个平凡的线性函数下界!

上界和下界的差距之大是一个普遍现象.在空间复杂性研究方面,几乎对所有的空间完全性问题而言,上界都大于等于下界的平方,只有下述例外[3]:

定理 4（洪加威,1979）　GF(2) 上多元多项式根集回路问题的固有复杂度是 $O(n)$,但不是 $o(n)$.上、下界几乎完全一致.

所谓 GF(2) 上多元多项式根集回路问题是指:任给一个 GF(2) 上的多元多项式,问这个多项式的根集所构成的图中是否有一个回路.例如多项式 $Y+X+(Y+Z)X$ 的根集为 $\{(0,0,0),(0,0,1),(1,0,1),(1,1,1)\}$,把只有一个坐标有差别的两点看成是连通的,就得到下面的图 2,它是没有回路的.

(0, 0, 0)

(0, 0, 1)

(1, 0, 1)

(1, 1, 1)

图 2

二、数学的证明、构造和描述

计算机科学的发展不仅给数学家提供了新的工具,开辟了新的领域,而且将从根本上影响到数学.下面我们来看几个方面.

(1) 我们知道,任何数学的证明,都只不过是一种非确定型的计算.可以设计出一个程序,枚举出一切可证的定理.但是初等数论中真命题的集合不是可以枚举的,因此有:

定理 5(哥德尔,1931) 初等数论中有的真命题是不可以被证明的.

这是人类智慧的一颗明珠.现在让我们来进一步考察其证明的复杂程度.假定我们来办一份杂志,专门发表严格形式的证明.投稿人把证明以穿孔的方式写在一条纸带上,证明的长度 L 就是纸带上字符的个数.我们设计一台机器来审查这些证明,它可以来回地读纸带.为了检验来稿是否正确而所需的机器的最小内存,就叫作证明的宽度 W.证明的层次数叫作深度 D.我们规定公理的深度为 1,如果结论 A 是由结论 B 和 C 直接推出的,则定义

$$A \text{ 的深度} = \max\{B \text{ 的深度}, C \text{ 的深度}\} + 1$$

深度小就表示证明的并行程度高.

这里,长度、宽度和深度分别相当于非确定型计算所需的串行时间、空间和并行时间.对于它们之间的关系,我们有[4]:

定理 6(洪加威,1983) 证明的长度 L 的对数、宽度 W 和深度 D 三者之间是线性相关联的.图示如下(图 3):

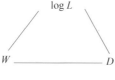

图 3

因为深度相当于并行时间,它正比于长度的对数,所以是一个很小的量.这说明,证明都是可以高度并行化的.我们知道,作为非确定型计算的数学证明,比起确定型的计算来要困难得多.可是数学家为什么能写出那么长而复杂的证明呢?可能正是由于这种可并行性.也许定理的机器证明也应当走并行化的道路.

我们还可以得出下面的结论:

定理 7 当且仅当一个定理有一个窄的证明时,它有一个浅的证明.

(2) 从应用的观点出发,对于一个数学定理的证明,光知道存在性是不够的,还要能构造出来.不仅如此,还必须考虑构造的复杂程度.如果谈到一个数

学的定义或性质,我们不但希望它是可判定的,而且要研究判定的复杂程度.

例如,给了任何一个 $n \times n$ 乘法表,要问它是否是一个有限群的乘法表,就要对这 n 个元素验证结合律 $(a \cdot b) \cdot c = a \cdot (b \cdot c)$,这样一共要对 n^3 种可能进行验证.但是笔者和唐守文找到了一个算法,在随机存取机器 RAM 上,需时仅 $O(n^2)$.因为输入有 n^2 个数,所以这个算法已不能在数量级上再改进了.有限单群的分类问题解决之后,代之而起的是群的计算复杂性理论.

又如任给一个 n 位数,问它是否是一个素数,这问题看起来容易做起来难.现在最好的结果是艾德勒曼(L. M. Adleman)于 1980 年得到的,需时 $O(n^{\text{clog log log } n})$.这个数论方面的计算复杂性问题与密码学有密切关系.现在数论的复杂性理论已成为与解析数论和代数数论等并列的数论分支之一了.

至少在离散数学的范围内,对任何一个定义、任何一个性质,我们都可以提出同样的问题,而这些问题都是具有现实意义的.

(3)数学,尤其是连续数学,必然要研究无穷的对象,可是对其中一个任意元素,我们只能有一个有穷的近似的描述.描述越精确,所需的信息量就越大.

考虑单位正方形内的一个凸区域,要描述它的边缘精确到 $1/n$,当 $n \to \infty$ 时,所需信息量 $I(n)$ 也趋向无穷.笔者得到:

定理 8(1983)   不论用什么描述方式,总有 $I(n) = \Omega(\sqrt{n})$(即 $\sqrt{n} = O(I(n))$),而且可以有一种方法,使得 $I(n) = O(\sqrt{n})$.

一张照片由许多黑白点组成,如果以这样原始的方式来描述,那么将长得无法忍受.实际上,信息可以大大压缩.我们不但要考虑压缩,还要把压缩后的信息迅速恢复成原来的信息.

对于 $[0,1]$ 区间上满足李普希兹(R. Lipschitz,1832—1903)条件的函数而言,设描述一个函数精确到 $1/n$ 所需的信息量为 $I(n)$,展开后求一点的函数值精确到 $1/n$ 所需的时间(对存储修改机器 SMM 而言)为 $T(n)$,笔者得到:

定理 9(1983) $$I(n)T(n) = \Omega(n\log n)$$
$$I(n)T(n) = O(n\log n\log \log n)$$
上、下界只差一个 $\log \log n$ 的因子,几乎是最佳的了.

以上不过是几个例子.对于任何距离空间中任何一个紧致的区域都可以提出同样的问题.

计算理论从信息的角度出发对古老的数值计算重新加以研究,并且得到了一些根本性的结果.

三、生命、思维和信息时代

石器时代、青铜时代,无非是用新的物质或材料延长了人的肌肉和骨骼.蒸汽机、电力、原子能的时代,无非是从能量的角度扩大了人的体力.而信息时代则将广泛使用计算机,延长人们的脑力.信息是不能被物质和能量完全代替的,科学研究的主要目的就是获得知识,也就是信息.物质、能量和信息,是科学研究的三个主要对象.在可以想象的将来,信息科学将成为科学的主流.有人说,21世纪是生物学的世纪,但生命运动之所以高于其他运动形式,就在于它的信息活动更高级.生命和思维的研究主要是要弄清其中信息活动的机制,数学家和物理学家将起重要的作用.

什么是计算呢?电子计算机的活动就叫计算吗?不尽然.要计算出边缘为一个已知封闭曲线且面积为最小的曲面的形状,只要把铁丝弯成这个闭曲线,然后涂上肥皂水,皂膜的形状就是答案.要进行傅里叶变换,只要有一个透镜就行了,所需时间为光通过一小段距离的时间.这些都是极为美妙的高度并行的计算.所以说,计算是一个物理过程所表现的信息活动,而任何一个物理过程所表现的信息活动也都是并行的计算.

计算机科学(注意,我们不说电子计算机科学),从根本上说来是研究各种物理过程中的信息活动的基本规律的科学.生命和思维是我们目前所知的信息活动的最高形式,当然也是计算机科学所追求的研究对象.

电子计算机的出现不到40年,已经使人类的生活发生了根本性的变化,而且它的发展正一日千里,不可限量.许多原来只有人能做到的脑力劳动,现在已经可以用计算机更快更好地替代了.人工智能是计算机科学的一部分,也有了20年的历史.但遗憾的是,在模拟思维的领域内,例如自然语言的理解、视觉、抽象、判断、推理等方面,无论在理论上还是在实践上都还没有取得突破性的进展,没有很成熟的理论.尽管各种应用和惊人的报道层出不穷,但没有一个具体的实际工作可以算得上是模拟了人的"思维",且真正经得起推敲.因此,有的计算机科学家已经从过去雄心勃勃的乐观派变成了今日的悲观派.他们趋向于认为,用计算机模拟人的思维在许多方面是根本不可能的.现代任何人工智能的工作,包括所谓的第五代计算机在内,都不过是用形式化的方法编了一大堆比较巧妙的程序而已.但人的思维的最本质的方面是不可能形式化的,有的虽然可以形式化,但也面临着指数爆炸的局面,实际上是不可行的.

就视觉而言,一个孩子一眼就可以认出他的母亲,由于母亲到孩子的距离时时刻刻不同,角度、光线、表情、衣服、背景、容貌每时每刻都在变化,严格地讲,没有两个时刻,母亲的形象在孩子的视网膜上的刺激是完全一样的.尽管如此,孩子还是一眼就能认出自己的母亲.今天的计算机要做到这一点是很困难的:一个点一个点地扫描,算了半天,眼睛和鼻子在什么地方还不知道.这个事实是悲观派的有力论据.

笔者本人是乐观派,而且认为上述事实不能作为悲观派的论据,还恰恰可

31

以作为乐观派的论据. 人能够有这样的视觉这一事实, 正说明这样一个高速识别的信息过程是客观存在的, 只是由于我们的无能才没有找到它而已. 这样一个信息过程看起来好像是一个生物学问题, 但本质上是一个数学问题. 生物学的发现只能给我们以启示, 可是大家知道, 看了提示才能把数学题做出来的学生并不是最优秀的学生. 生命和思维中的信息活动给了数学家们一个极其重要的园地, 其中有无穷的瑰宝. 它们的存在是每一个有视觉的人, 每一个有思维的人自己可以证明的, 决非虚无缥缈的东西, 而且一定能被发掘出来. 但这种发掘, 需要某种理论上的突破. 也许需要突破图灵论题的框框. 因为现在的人工智能都无非是以程序为基础的, 可是, 谁也没有给我们每一个人的思维编什么程序.

信息活动一定需要某种物理的过程作为载体, 我们曾有过电动计算机, 它是最精密的机械之一. 后来有了电子管, 然后有了 20 世纪最重要的发明 —— 晶体管. 目前最重要的计算载体是超大规模集成电路. 是否这种载体就能模拟人脑呢? 我们还不知道. 有没有比超大规模集成电路更有效的信息活动载体? 这个载体很可能是存在的. 这是物理学家的广阔园地.

无法怀疑的是, 所有这些困难都将被克服. 我们常以为 20 世纪科学发达, 但是我们的子孙后代将会用"启蒙的"这样的字眼来形容 20 世纪的科学. 人类现在还不过是一个婴儿, 他将在信息时代中改造自己, 达到出神入化的地步, 变成比现代人类高千万倍的新人类.

[1] 洪加威. 论计算的相似性与对偶性. 中国科学, 1981(2):248.

[2] HONG J W. Theoretical Computer Science, 1984(32):221.

[3] HONG J W. SIAM J. Comp. Science, 1982(11):591.

[4] 洪加威. 形式证明的复杂性. 中国科学, 1984(6):565.

拓扑学理论与计算方法^①

一、拓扑学的光景

拓扑学自庞加莱(Poincaré)以来一百多年的历史上,有许多优美的结果. 首先可以提及的是 1912 年的布劳威尔(Brouwer)不动点定理:球体到自身的任一连续映象必有不动点.说详细一点就是:记球体为 B,设 $f:B \to B$ 是一个连续对应,那么在 B 中至少有一点 x 使得 $f(x^*)=x^*$.经过对应 f,x^* 还回到 x^*,所以称 x^* 是一个不动点.纯粹数学家对布劳威尔定理推崇不已:条件那么弱,结论却很强.应用数学家赞赏布劳威尔定理,还因为解方程 $h(x)=0$ 的问题都可以转化为求 $f(x)=x+h(x)$ 的不动点的问题.如果 f 的不动点 x^* 找到了,$x^*=f(x^*)=x^*+h(x^*)$,就得到 $h(x^*)=0$,即 x^* 是方程 $h(x)=0$ 的解,所以方程 $h(x)=0$ 的解也就找到了.

若干年前美国的一份非正式调查说,95% 的数学家能够说出布劳威尔不动点定理,但只有 4% 的数学家能够证明它.尖锐的对比发人深省.那么容易被准确理解和被广泛应用的一个定理,其证明却很不容易,这在数学史上几乎是独一无二的.这多少可以反映拓扑学的身世:一直到二十年前,拓扑学还是

① 本文摘自《自然杂志》第 9 卷(1986 年)第 6 期,作者王则柯.本文在中山大学高等学术研究中心基金会资助课题的基础上写成.

知音难觅.有些国家 90% 以上的数学家从未听过一门拓扑学的课程,有些地方的拓扑学家不得不一再充当这门学科的生存价值的辩护人.也许应了"曲高和寡"的说法,其实总是一种不景气的感觉.

最近十多年,情况却有了戏剧性的变化.拓扑学方法在许多领域显示了力量,甚至在经济学和生物学这些从传统上说离数学的核心比较远的研究领域中也取得了很大的成功,真是令人眼花缭乱.学数学的大学生和研究生,已经很少有不知道拓扑学的了.拓扑学的各种课程,已经成为其他数学理论研究和应用研究的基本训练和基本工具.以《机翼绕流的拓扑运动》这样的论文题目为代表,科学论文中拓扑一词的使用频率明显提高,几乎成了时髦.现象比本质夸张一点也不奇怪,但纤维丛学说在规范场理论研究中的决定性的成功,却是有目共睹的事实.

在数学领域内部,拓扑学向来以抽象著称,而计算方法或数值分析,则处于最具体的另一端.岂料以 1967 年斯卡弗对布劳威尔不动点定理的构造性证明即算法证明为契机,最抽象的和最具体的两端走到一起来了,并结出了丰硕的果实.本文将要介绍的单纯同伦算法,就是这片新发现的肥田沃土上长势最盛的一株果实.我们将首先介绍一种实用易学的算法,然后从微分拓扑学和代数拓扑学的角度对算法的基础进行讨论,最后论及若干更深刻的课题.我们将严格要求整个讨论不进入拓扑学本身,也不陷入数值分析的细节.拓扑学的现成结果怎样具体外化为一种有效的计算方法,才是本文的主旨.

二、伊夫斯教授的魔鬼故事

斯坦福大学的伊夫斯到古巴比伦的一座旧兵营探险.大兵营由许多小房间组成.据说兵营里有一群魔鬼,早在巴比伦王国以前,已经被宙斯困在这里了.几千年时光流逝,谁也不敢进去看看.

伊夫斯绕着兵营走了一圈,发现只有一个可通外界的门,这个门是开着的.他一步跨进去,踏入头一个房间,身后的门就砰的一声关上了.一个魔鬼出现在他的面前:"总算等到一个人啦,看你还往哪里逃?"

伊夫斯毛骨悚然,很久才注意到房间还有另外一个开着的门.魔鬼得意地欣赏着送上门来的猎物:"进了这座兵营,就休想出去了.除了我的房间现在只有一个门还开着以外,别的有我的同类的房间都正好有两个还开着的门.你走过一个门,这个门就会关死.不论逃到哪里,反正都要被吃掉,还是乖乖坐下来,临死以前和我交个朋友,讲讲外面的故事吧!"

纵然是死,岂有交朋友之理.不如多跑几个房间看个究竟,伊夫斯拔腿就跑.刚进入第二个房间,身后的门又砰的关上,又出现一个魔鬼.但这样一来,头一个魔鬼就被锁死在第一个房间里了.伊夫斯就这样跑下去,尽量多锁死一些魔鬼.

伊夫斯不愧是个数学家.跑着跑着,他突然想到:兵营里房间的数目是有限的,每个有魔鬼的房间都有两个门.如果每个房间都有魔鬼,当我跑进最后一个房间时,那另一个门就一定要通向兵营外面.但兵营只有一个门是对外开的,现已锁死.这就说明,这最后一个房间一定只有一个门,因此里面是没有魔鬼的.他继续跑下去,果然找到了这个没有魔鬼的安全房间.

1978 年的一次国际学术会议上,伊夫斯教授就用这个故事阐述了当时出现不久的不动点算法(fixed points algorithms)的要点:如果只有一个房间有一个门开在边界上而中间环节的每个房间都正好有两个门的话,那么一定可以在有限步内到达一个只有一个门的房间.这个单门房间(应当设计得)就是我们要求的解,例如,把图1三角形当成大兵营,每个小三角形当成房间,在小三角形的顶点上随便放置 0,1,2 三种标号,那么只要保证边界上只有一条棱是一端 0、一端 1,就一定有一个小三角形是标号完全的,即带有 0,1,2 全部三种标号.这几乎就是五十多年前著名的斯派奈(Sperner)组合引理.只要将小三角形的 (0,1) 棱看作是门就可以知道,在到达标号完全的小三角形之前,每个中经小三角形的三个顶点都只有 0,1 两种标号,所以正好有两个门.

上面我们不知不觉地使用了小三角形的大小大体均匀的假设.如果不作这样的假设,情况就不一样了.图2是一个简单的例子,越往下小三角形越小.由于 A 点不是任何小三角形的顶点,所以图上的标号配置确实使得边界上只有一条棱能够作为门.如果从边界上这唯一的门进去,另一种可能是永远找不到标号完全的小三角形.这样的话,所走到的三角形将越来越小.这启发我们要把算法设计得使足够小的门就是问题的解.下面,我们就按照这种想法设计非线性方程组的一种单纯算法.

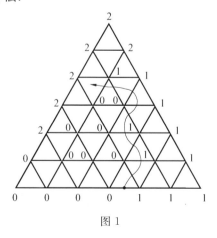

图 1

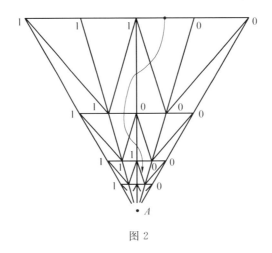

图 2

三、非线性方程组单纯算法

首先从一维的简单情形说起,来阐明算法的结构.设 $f:R \rightarrow R$ 是一个连续函数,要求解方程 $f(x)=0$.

引进参数 t,在 (x,t) 平面上将 $0<t \leqslant 1$ 的部分用一族平行线 $\{t=2^{-m}\}$ 和三族线段 $\{x=k \cdot 2^{-m}, 0<t \leqslant 2^{-m}\}$,$\{x=t+k \cdot 2^{-m}, 0<t \leqslant 2^{-m}\}$,$\{x=-t+k \cdot 2^{-m}, 0<t \leqslant 2^{-m}\}$ 剖分成一个个三角形(图 3),式子中 m 为非负整数,k 为整数. (注意,每一线段都是上端闭下端开的.)很清楚,越往下三角形越小.

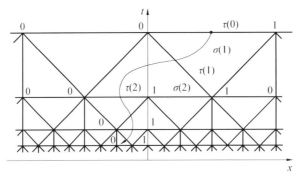

图 3

接着想办法给三角形顶点配置标号.在最上面一层,找一个地方(图中 • 处),使左边标号都是 0,右边标号都是 1,于是就在上层边界造成唯一的门.其余每个顶点都可以用坐标 $y=(x,t)$ 表示.如果 $f(x)>0$,就取标号为 1,如果 $f(x) \leqslant 0$,就取标号为 0.

记"•"所在的棱为 $\tau(0)$,所在的三角形为 $\sigma(1)$.

算法

步 0   记 $\sigma(1)$ 的不在 $\tau(0)$ 的顶点为 (x^{+},t^{+})，置 $v:=1$.

步 1   计算 $f(x^{+})$ 和顶点 (x^{+},t^{+}) 的标号. 若 $|f(x^{+})|$ 已经足够小，x^{+} 就是方程 $f(x)=0$ 的一个数值解，停机. 否则，用 (x^{+},t^{+}) 取代 $\tau(v-1)$ 的标号与它相同的那个顶点，得到新的棱 $\tau(v)$，记以 $\tau(v)$ 为棱的新的三角形为 $\sigma(v+1)$，新的顶点为 (x^{+},t^{+})，置 $v:=v+1$，回到步 1.

从算法可以看出，在每一步，棱 $\tau(v-1)$ 是已经有的，并且标号完全，一端为 0、一端为 1. 如果新顶点 (x^{+},t^{+}) 的标号是 0（或 1），就用它取代原来标号是 0（或 1）的那个顶点，得到的新的棱 $\tau(v)$ 仍是标号完全的. 另一方面，因为三点具有两种标号，必正好有一对标号相同，如果一个三角形有"门"，就一定正好有一对门. 所以这个算法可以一直进行下去，直到找出 $f(x)=0$ 的一个数值解为止.

事实上，如果计算走到一条足够小的标号完全的棱时，一端标号为 0，$f(x)\leqslant 0$，另一端标号为 1，$f(x)>0$，则根据 $f(x)$ 的（一致）连续性，在两个端点算出来的 $|f(x)|$ 都一定很小了. 小的棱都在下层，问题是能不能保证计算向下发展. 这就要看函数 $f(x)$ 本身的性质如何. 有些函数本身就使得方程 $f(x)=0$ 没有解，当然也不能要求我们的算法无中生有地造出一个解来. 例如 $f(x)=\mathrm{e}^{x}$，按照上述算法，除了最上面一层的标号是人为配置的以外，其余顶点的标号都因在这点 $f(x)=\mathrm{e}^{x}>0$ 而取 1. 这时计算将一直向左发展，并不下降. 相反，如果一个函数 $f(x)$ 能保证计算的有界性成立，即保证有一个 $R>0$ 使计算所产生的 $\tau(0),\sigma(1),\tau(1),\sigma(2),\cdots$ 都在与原点的距离不超过 R 的有界区域内，则算法一定成功，因为这个有界区域体积有限，每个三角形又只允许计算一次，所以算法一直进行下去，就一定要走到越来越小的三角形里去.

四、n 维算法

一维情形是简单的，本来用例如对分区间法也可以了. 花了那么多篇幅讲一维的单纯算法，是因为它可以直接推广到高维的情形.

解决一维的问题，要用二维的三角形，即三个不共线点的凸包. 解决 n 维的问题，就要用 $n+1$ 维的单纯形，即 $n+2$ 个不在同一张 n 维超平面上的点的凸包. 三角形的边界是它的三个棱，$n+1$ 维单纯形的边界就是它的 $n+2$ 个 n 维界面.

现在，要求解非线性方程组

$$\begin{cases} f_{1}(x_{1},\cdots,x_{n})=0 \\ \qquad\vdots \\ f_{n}(x_{1},\cdots,x_{n})=0 \end{cases} \qquad (*)$$

37

首先,将$(x_1,\cdots,x_n,t)$空间中$0<t\leqslant1$部分剖分成一个个$n+1$维单纯形,也是越往下越细.托特的J_3剖分就是一种这样的剖分.在$t=1$边界上,人为地配置标号$0,\cdots,n$,使得上端边界上只有一个(n维)界面$\tau(0)$是标号完全的,即其$n+1$个顶点正好分别取标号$0,\cdots,n$.其余各顶点的标号规则是:在这点计算

$$f_1(x_1,\cdots,x_n)$$
$$\vdots$$
$$f_n(x_1,\cdots,x_n)$$

如果大于0的最后一个是第i个,标号就取i;如果它们全不大于0,标号就取0.例如$n=5$,算出来$f_1>0,f_2<0,f_3>0,f_4=0,f_5<0$的话,大于0的最后一个是第3个,该点标号就取3.

这时,记以$\tau(0)$为界面的唯一的$n+1$维单纯形为$\sigma(1)$,马上就可以写出算法来.

算法

步0　记$\sigma(1)$的不在$\tau(0)$上的顶点为$(x_1^+,\cdots,x_n^+,t^+)$,置$\upsilon:=1$.

步1　在点$(x_1^+,\cdots,x_n^+,t^+)$计算$f_1,\cdots,f_n$值和这点的标号.若$\sqrt{f_1^2+\cdots+f_n^2}$已经足够小,$(x_1^+,\cdots,x_n^+)$就是方程组($*$)的一组数值解,停机.否则,用$(x_1^+,\cdots,x_n^+,t^+)$取代$\tau(\upsilon-1)$的标号与它相同的那个顶点,得到新的界面$\tau(\upsilon)$.记以$\tau(\upsilon)$为界面的新的$n+1$维单纯形为$\sigma(\upsilon+1)$,其新顶点为$(x_1^+,\cdots,x_n^+,t^+)$,置$\upsilon:=\upsilon+1$,回到步1.

大量数值计算问题经过离散化处理都可以化成($*$)形式的$n\times n$非线性方程组的数值求解问题,而上面提出的就是一种对任何形如($*$)的$n\times n$非线性方程组都可行的算法.仔细分析算法,只有从$\tau(\upsilon)$得出$\sigma(\upsilon+1)$的过程,为避免陷入细节而未述其详.

五、微分拓扑学的直观结果

微分拓扑学中有三个重要的定理,其证明虽然不易,而意义却不难把握.先列述如下,再慢慢加以说明.

萨德(Sard)定理　设$F:X\to Y$是从(可带边)光滑流形X到无边光滑流形Y的一个光滑映象,则几乎Y的每一点都是$F:X\to Y$的正则值.

原象定理　设$F:X\to Y$是从m维(可带边)光滑流形X到n维无边光滑流形Y的一个光滑映象,$m\geqslant n$,Y的一点y是$F:X\to Y$的正则值,则y的原象$F^{-1}(y)$只要不空,就是X的一个$m-n$维(可带边)光滑子流形.

一维流形分类定理　每个连通的一维(可带边)光滑流形,或光滑同胚于一个圆周,或光滑同胚于一个线段.

粗略地说,所谓 m 维流形就是由一小块一小块 m 维欧氏开球(图 4(a))和半开球(图 4(b))拼贴起来所得到的几何对象,它的每个局部都等于一个 m 维开球或半开球,半开球的闭边界所对应的部分就是流形的边界.如果拼贴得很好,很光滑,就得到光滑流形.

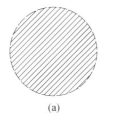 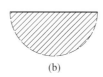

(a)　　　　　　　　　　(b)

图 4

一维开"球"就是开线段,一维半开"球"就是一端闭一端开的线段.所以字母 AB,CD,EF,GH,IJ,KL,MN,OP,QR,ST,UV,WX,YZ 中,CD,GI,JL,MN,OS,UV,WZ 这样的几何图形是一维流形,别的主要因为有分叉,都不是一维流形.在属于一维流形的各例中,又只有 CI,JO,SU 是一维光滑流形,其余的一维流形都不光滑;只有 D 和 O 无边,别的都带边.

二维流形的例子有矩形、开圆、盒子、球面、环面(内胎)、柱面、锥面、葫芦瓢、麦比乌斯(Möbius)带等.其中,光滑的二维流形有开圆、球面、环面、柱面、葫芦瓢、麦比乌斯带,带边的二维流形有矩形、柱面、锥面、葫芦瓢、麦比乌斯带(图 5).

    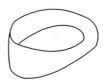

图 5

特别要指出,我们关心的 (x,t) 空间中的带子 $0<t\leqslant 1$ 就是一个二维带边光滑流形,其边界由 $t=1$ 的点组成.$(x_1,\cdots,x_n,t)$ 空间中的带子 $0<t\leqslant 1$ 就是一个 $n+1$ 维带边光滑流形,其边界亦由 $t=1$ 的点组成.而欧氏空间 $\mathbf{R}^n$ 本身就是一个最普通的 n 维无边光滑流形.于是可用上述定理.

所谓光滑映象 $F:X\to Y$,本质上局部就是 m 个变量的一个 n 重函数,即这个映象有 n 个分量,并且各分量对各变量有连续的各阶偏导数.现在 $m\geqslant n$.如果在 X 上一点的偏导数矩阵(雅可比)之秩为 n,就称这点为 F 的正则点.如果被 F 送到 Y 上一点去的 X 的每一点都是 F 的正则点,就称 Y 上这点为 F 的正则值.笼统而言,正则性是映象局部性态好的一种刻画.

既然 Y 的几乎每一点都是 F 的正则值,而只要 y 是正则值,$F^{-1}(y)$ 就是 X

的 $m-n$ 维光滑子流形,所以综合萨德定理和原象定理就得到:对于 Y 的几乎每一点 y, $F^{-1}(y)$ 只要不空就是 X 的 $m-n$ 维光滑子流形.

六、单纯同伦算法几何理论

回到方程组(*)的数值求解问题. 映象 $f(x_1, \cdots, x_n) = (f_1(x_1, \cdots, x_n), \cdots, f_n(x_1, \cdots, x_n))$ 是由实际应用问题提出来的,一般比较复杂. 我们想从一个容易把握的简单映象逐步过渡过去. 最简单的映象就是恒同映象,即取 $g(x_1, \cdots, x_n) = (x_1, \cdots, x_n)$. 很清楚,方程组 $g(x_1, \cdots, x_n) = (0, \cdots, 0)$ 的唯一解就是 $(0, \cdots, 0)$. 如果我们使用一个形变参数 t 来实现过渡,取 $F(x_1, \cdots, x_n, t) = (tx_1 + (1-t)f_1(x_1, \cdots, x_n), \cdots, tx_n + (1-t)f_n(x_1, \cdots, x_n))$,就知道 $F(x_1, \cdots, x_n, 1) = g(x_1, \cdots, x_n)$, $F(x_1, \cdots, x_n, 0) = f(x_1, \cdots, x_n)$,在数学上说, F 是从 g 到 f 的一个同伦.

注意, F 是从 $(x_1, \cdots, x_n, t)$ 空间的 $0 < t \leqslant 1$ 部分到 $(x_1, \cdots, x_n)$ 空间的一个映象,只要原来 f 光滑, F 一定光滑,所以 $F: \mathbf{R}^n \times (0, 1] \to \mathbf{R}^n$ 是从 $n+1$ 维带边光滑流形到 n 维无边光滑流形的光滑映象,可以运用上述定理.

固定 F 来考察 $\mathbf{R}^n$ 中不同的点,萨德定理说, $\mathbf{R}^n$(即 Y)中几乎每一点都是 F 的正则值. 现在,我们考虑的是怎样解方程 $F(x_1, \cdots, x_n, t) = 0$. 那么,如果 0 是 F 的正则值, $F^{-1}(0)$ 就是 $\mathbf{R}^n \times (0, 1]$ 的一个 $m-n = (n+1) - n = 1$ 维光滑子流形.

每个流形可以有若干个连通分支,所以按照一维流形分类定理,一维光滑子流形 $F^{-1}(0, \cdots, 0)$ 的每个连通部分,或者光滑同胚于一个圆周,即由圆周保持光滑地形变而得,或者光滑同胚于一个线段,即由线段保持光滑地形变而得. 这样,我们就可以定性地画出 $F^{-1}(0, \cdots, 0)$ 的几何形象,如图 6 所示,箭头表示伸延,即开的一端.

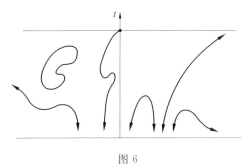

图 6

我们关心的只是从已知的 $F(x_1, \cdots, x_n, 1) = (0, \cdots, 0)$ 的唯一解 $(0, \cdots, 0, 1)$ 出发的那个连通分支,沿着这条光滑道路走,希望达到 $F(x_1, \cdots, x_n, 0) =$

(0,…,0)即原方程组(＊)的一个解.这就是 20 世纪 70 年代发展起来的同伦算法的几何背景.

怎样走向(＊)的一个解呢？如果将问题变成一个微分方程初值问题,采用欧拉折线法或预估校正法,沿着上述光滑道路走,就是所谓连续同伦算法.如果采用单纯剖分和顶点标号(标号实质上是一种单纯逼近的做法),沿着标号完全的单纯形所组成的路径走,就是本文着重叙述的单纯同伦算法.单纯同伦算法和连续同伦算法,都是求高度非线性问题数值解的公认的有效方法.

七、有界性条件和全部解算法

细心的读者会问,如果从(0,…,0,1)出发的那个连通分支一直向无穷远发展怎么办？的确,算法成功与否,就看这个连通分支是否有界.一般说来,从 $t=1$ 出发的满足有界性条件的连通分支,都可以引导我们到达原问题的解.所以对各类具体映象建立不同的有界性条件,是当前研究的重要方面.另一方面,当我们沿这些连通分支走时,当然希望参数 t 单调下降,只有 t 趋于 0 才是走向原问题的解的方向.因此,对各类具体映象进行计算单调性的探讨,是当前算法效率或计算复杂性理论研究的重要课题.

在上面的算法中,我们选择的人为映象 g 是以原点为唯一零点(使映象值为原点的点)的恒同映象.如果选取 g 为欧氏空间的平移映象 $g(x_1,…,x_n)=(x_1-a_1,…,x_n-a_n)$,则 $(a_1,…,a_n)$ 是 g 的唯一零点,计算将从 $(a_1,…,a_n,1)$ 开始.对于有许多组解的方程组(＊)来说,不同的出发点常常导致不同的解.所以 $(a_1…,a_n)$ 的适当选择在实际应用中是很有意义的.

更进一步,如果 g 不是简单的平移映象,而是一组适当的多项式,那么 g 通常有若干组解.这时,$F^{-1}(0,…,0)$ 的从 $t=1$ 边界出发的连通分支将有同样数目的一批算法就可以用来一次得到原问题的一批解.运用之妙,存乎一心.就是用这种方法,在(＊)是多项式方程组的情形,人们讨论了多项式方程组解的数目的问题,设计了一次把多项式方程组全部解都算出来的出色方法.在(＊)是解析函数方程组的情形,基于解析函数在有界区域内与多项式函数的联系,人们设计了一次算出一类解析函数在有界区域内全部零点的算法.新成果接踵而来,目不暇接.这是单纯同伦算法和连续同伦算法当前的热门方向.

乍一看,萨德定理"几乎每一点"都如何如何的概率说法似乎包含着危险,殊不知定理的生命力正在"几乎"二字.有了它定理才得以成立,去掉它定理就要失败,"几乎每一点"如何如何,使人们有了施展本领的广阔天地.如果开始一个点选得不好(虽然这是零概率事件,但可能发生),只要略加扰动,总可以成为一个好的出发点.在某种意义上,这正是许多成果赖以存在的奥秘.

映像度机器算法平话[①]

什么是映像度？映像度能计算吗？映像度能用计算机计算吗？

映像度,或称映像的拓扑度,或称布劳威尔度,是纯粹数学和应用数学的重要概念之一.作为一个完整的概念,它最早出现在组合拓扑学的文献中,著名数学家布劳威尔曾借此得到他的许多重要结果,包括他于 1912 年提出并证明的布劳威尔不动点定理,这个定理说,n 维球体到自身的连续映像必有不动点.

从应用的角度来说,例如对于方程理论,映像度不只是一个重要的概念,也是一个重要的工具.为此,需要对概念做分析的改造.正好,微分拓扑学后来居上的发展,给映像度概念提供了这样一种新的描述.这就是现今多数人熟悉的映像度的分析定义,虽然其往往并不采用拓扑学的术语.

一、映像度的组合描述

为使不专攻数学的读者能够理解映像度的定义,我们限于在最典型的情况下叙述映像度的概念.

设 S^n 是一个 n 维球,$n > 0$.例如,S^1 是一个圆圈,S^2 是一个气球,等等.

---

① 本文摘自《自然杂志》第 14 卷(1991 年)第 4 期,作者木其.

S^n 可以剖分成一个个 n 维单纯形. 什么是单纯形? 0 维单纯形就是一个点;1 维单纯形就是联结两个点的线段;2 维单纯形就是以不共线的 3 个点为顶点的三角形;3 维单纯形是以不共面的 4 个点为顶点的四面体. 所说的点,都称为顶点. 图 1 说明,S^1 可以剖分成一些 1 维单纯形,S^2 可以剖分成一些 2 维单纯形.

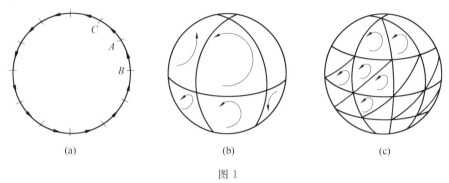

(a)	(b)	(c)

图 1

进一步,给单纯形定向:$n>0$ 维单纯形的定向由顶点次序确定,0 维单纯形的定向为 + 或 −. 现在,对 S^n 的所有 n 维单纯形确定一组协合的定向,也就是说,使得每个 $n-1$ 维单纯形无论怎样定向,都正好是一个 n 维单纯形的顺向面和另一个 n 维单纯形的逆向面. 这样做了以后,S^n 就被剖分定向为 n 维定向闭伪流形.

图 1(a),S^1 被剖分定向为 1 维定向闭伪流形. 例如给顶点 A 以定向+,则它是 1 维定向单纯形 BA 的顺向面和 AC 的逆向面. 图 1(b),S^2 被赤道和两条在北极交成直角的子午线剖分,再确定每个 2 维单纯形都取逆时针定向,S^2 就被剖分定向为 2 维定向闭伪流形,因为无论在赤道和子午线上怎样定向,它们的各弧段(1 维单纯形)总是分别为其相邻的两个 2 维单纯形的顺向面和逆向面.

剖分可粗可细,例如图 1(c) 的剖分就比图 1(b) 细.

现在,设 $f:S^n \rightarrow S^n$ 是 S^n 到 S^n 的一个连续映像,或者说连续对应. 头一个 S^n 被剖分定向为 n 维定向闭伪流形 K,后一个被剖分定向为 L. K 的每个点 x 被映为 L 的一个点 $f(x)$. 这样,设想 K 是橡皮做的,我们可以把 f 看作是将 K 贴附到 L 的映像.

考虑映像的方式:

1 维的情况最简单,也容易看得清楚. 如图 2,设 K 是一个橡皮圈,f 不外乎把 K(实线的)在 L(虚线的)上绕 k 圈. $k>0$,同向;$k<0$,反向;或者 $k=0$. 这个 k 反映了映像 f 的本质,就叫作 f 的映像度,记作 deg f.

2 维的情况稍许复杂一些. deg $f=0$ 可想象为一个放了气的气球 K 作为一顶帽子盖在充气的气球 L 上,deg $f=1$(或 −1) 可理解为用 K 把 L 同向(或反

 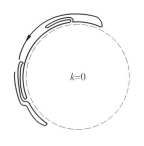 

图 2

向）地包住. | deg f | > 1 时的情况不易想象,但可以从图 2 得到类比.

这种缠绕次数或包贴次数的理解启发我们,每条从球心发出的半射线与贴附在 L 上的 K 的相交次数大体上应该是一样的,这个数就是映像度. 此外,还有一个定向的问题,要区别是同向一次还是反向一次. 这时,组合拓扑学告诉我们,只要剖分足够细,任何一个映像都可以整理成为一个单纯映像 f_*,它把 K 的单纯形映成 L 的单纯形. 这样做了以后,就便于处理映像度了. 按照上述组合定义,我们可以把 deg f 粗略地理解为 f_* 将 K 的全体协合定向的 n 维单纯形映成 L 的全体协合定向的 n 维单纯形的次数的代数和,保持定向为正,反向则为负.

对于多数人来说,微积分是数学的主体. 他们不免对上述组合说法感到陌生. 下面,我们看看映像度的分析定义.

二、映像度的分析描述

n 维球 S^n 是放在欧氏空间中的,这就可以谈及它的微分结构. 于是,S^n 就成了 n 维定向闭微分流形,记作 M 或 N.

设 $f: M \rightarrow N$ 是从 S^n 到 S^n 的一个光滑映像. 所谓光滑,这里指的是连续可微. 与连续的情况一样,光滑映像 f 将 M 在 N 上缠绕或包贴若干次. 为了把握这个次数,组合拓扑学把 f 整理成单纯映像 f_*,而微分拓扑学不改动 f,只把使得 f 行为不好的那些点从 M 和 N 中剔除出去. 所谓行为不好,就是把横截相交的两段光滑弧映为相切的两段光滑弧. 所谓横截相交,可以粗略地理解为不相切. M 的使得 f 行为不好的点,叫 f 的临界点,如图 3(b) 所示;其他点则称为正则点,如图 3(a) 所示. 临界点在 N 上的映像,叫 f 的临界值,N 的其余点都叫作 f 的正则值. 萨德定理说,正则值在 N 具有满测度,即正则点的行为是普遍的,而临界值集合的测度为 0. 映像度就反映映像在正则点处的普遍品格.

设 f 将 M 在 N 上缠绕或包贴 k 次,那就是说,M 有若干个点贴到 N 的同一点. 这个包贴有保持定向的,有改变定向的,分别按包贴 +1 或 -1 次计数. 而映

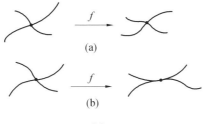

图 3

像度,就定义为包贴次数的代数和.但是保持定向与否就看在正则点 x 处映像 f 的雅可比行列式的符号 $\mathrm{sgn}\ \det f'_x$ 是 $+1$ 还是 -1,这就导致映像度的分析定义:

$$\deg f = \sum_{x \in f^{-1}(y)} \mathrm{sgn}\ \det f'_x$$

y 是一个正则值.

对 $x \in f^{-1}(y)$ 求和,是因为 $f^{-1}(y)$ 中每点都覆贴到 y,而我们要计算覆贴次数的代数和.在图 4 中,$\deg g = -3$,而 $\deg f = 1$.

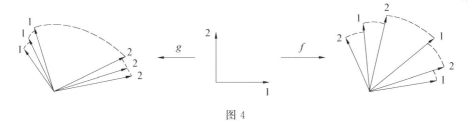

图 4

三、映像度的计算机算法

我们看到,映像度反映了映像的本质.因此也就不难理解可以从映像度推测出映像的许多具体性质,特别是关于映像的不动点的性质,如前面提到的布劳威尔定理.本文后面还要提到从映像度推出映像性质的例子.

人们越是认识到映像度概念的重要性,就越是要求大量地进行映像度的计算.但映像度的分析描述是基于映像的雅可比矩阵的行列式计算的.雅可比矩阵则是由偏微商组成的.大量地进行微分学运算和行列式运算,即使对于现代的计算机,也是一个沉重的负担.因此,这种进一步的发展,又突出了分析形式映像度计算的困难性.

但是,另一方面的发展,是电子计算机给组合拓扑学一点一格地计数、归纳的古老方法注入了新的生命力.因为组合拓扑学的处理方法,本质上是离散化的,这正合计算机的胃口.于是,在大半个世纪的时间里,似乎是转了一个大圈子,映像度概念在算法的高度上,又回到它组合的基础上:把空间分割成一块一

45

块,一片一片.在这种单纯形剖分的基础上,电子计算机按一种确定的格式进行计算.

在 20 世纪 60 年代末期开始形成的以剖分和标号为基础的不动点算法 (fixed point algorithms) 的推动下,斯坦格(F. Stenger) 在 1975 年首次提出映像度的计算机算法.随后,从 1977 年开始,基尔福特(B. Kearfott) 和斯泰纳斯 (M. Stynes) 在各自的博士研究生学位论文中做了进一步的工作.下面,我们看看基尔福特是怎样做的.

作为较新的成果,很难在这里对数学推证进行完整的介绍.但基尔福特的算法是如此的方便,也是可以比较完整地向读者介绍的.

(1) 设想 S^n 是 n 维球,剖分定向为 n 维定向闭伪流形 K 或 L.这样,K 就可以由它的全体协合定向的 n 维单纯形来表示,$K = \sum_{q=1}^{m} \sigma_q = \sum_{q=1}^{m} \langle x_0^q, \cdots, x_n^q \rangle$.这里,$m$ 是 n 维单纯形的个数,第 q 个 n 维单纯形 σ_q 的定向已由它的 $n+1$ 个顶点的一个排列 $x_0^q, \cdots, x_n^q$ 给定.

(2) 设 $f : K \to L$ 是一个连续映像,在整个 K 上没有零点.

对每个 $\sigma_q = \langle x_0^q, \cdots, x_n^q \rangle \in K$,定义矩阵 $\mathscr{R}(\sigma_q, f) = (r_{ij})$ 如下

$$r_{ij} = \begin{cases} 1, \text{若 } f_j(x_i^q) \geqslant 0 \\ 0, \text{若 } f_j(x_i^q) < 0 \end{cases}$$

这里,$f_j(x_i^q)$ 是在顶点 x_i^q 处映像值的第 j 个分量,所以,$\mathscr{R}(\sigma_q, f)$ 是一个 $n+1$ 阶方阵,元素为 0 或 1.

(3) 称主对角线左下方元素均为 1,主对角线右上方第一个元素均为 0 的矩阵为典式矩阵.如

$$\begin{pmatrix} 1 & 0 & 0 \\ 1 & 1 & 0 \\ 1 & 1 & 1 \end{pmatrix}, \begin{pmatrix} 1 & 0 & 1 \\ 1 & 1 & 0 \\ 1 & 1 & 1 \end{pmatrix}, \begin{pmatrix} 1 & 0 & & * \\ 1 & 1 & 0 & \\ 1 & 1 & 1 & 0 \\ 1 & 1 & 1 & 1 \end{pmatrix}$$

都是典式矩阵,$*$ 表示有关的元素任意.现在,对每个矩阵 $\mathscr{R}(\sigma_q, f)$,确定一个符号数 $P(\sigma_q, f)$:若 $\mathscr{R}(\sigma_q, f)$ 可以经过偶数次(或奇数次)行对换变成典式矩阵,则 $P(\sigma_q, f)$ 为 $+1$(或 -1);其他情况,$P(\sigma_q, f) = 0$.

(4) 在对 f 相当一般的假定条件下,只要剖分足够细,就可以这样计算映像度

$$\deg f = \sum_{q=1}^{m} P(\sigma_q, f)$$

接触过计算机的读者知道,上述整个过程,是容易通过程序实现的.只有对 (4) 中剖分是否足够精细的判断有时不易被非专门人员掌握.但有替代办法:

先按某个剖分算一次,再按加倍细密的剖分算一次,如果两次计算相等,一般就得到正确的映像度了.这个精细与否的判断,是为了对付零点靠近 n 维球的情况:在零点附近,变化比较剧烈,算法应当精细一些.

映像度有效算法的出现,也为其他数学问题的求解提供了新的可能.例如,关于非线性方程组的数值解,基尔福特就提出了一种 n 维的对分法.

按拓扑学观点,n 维单纯形 σ^n 的表面与 $n-1$ 维球 S^{n-1} 是一样的.σ^3(四面体)的表面与气球 S^2 一样,σ^2(三角形)周界可看作圆周.

有一个克罗纳克尔(Kronecker)定理说,如果在球面上 f 的映像度非零,那么球内必有 f 的零点.还有一个定理 —— 映像度可加性原理说,两个单纯形总表面上的映像度,等于两个表面的映像度之和.

基于这两个定理,以两个变量两个方程的情况 $f: \mathbf{R}^2 \to \mathbf{R}^2$ 为例,如果对于边界为 S 的大单纯形 σ,$\deg(f, S) \neq 0$,则 σ 内必有根.将 σ 通过最长棱中点分为 σ' 与 σ'',则 $\deg(f, S')$,$\deg(f, S'')$ 必有一个非零(可加性原理),所以 σ' 和 σ'' 必有一者内部有根.如此继续按最长棱中点对分下去,很快就会得到方程的根(图 5).

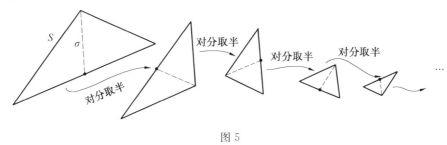

图 5

这种高维的对分法刚提出不久,还有待于成熟.但读者已可看到,它根本不必进行微商运算和行列式计算,而且对高度非线性的情形同样有效.这就是令人感兴趣的地方.

四、不动点和对径点的算法

映像度的机器算法,是不动点计算方法发展的伴生物.不动点算法,最早是为计算作为经济均衡点的不动点,是由美国耶鲁大学经济学系教授斯卡夫(H. Scarf)提出的.它不但在应用数学问题和计算数学问题方面有着广泛的应用,而且也对纯粹数学产生了影响.

大家知道,拓扑学中有一个波苏克－乌拉姆(Borsuk-Ulam)对径点定理.在 1 维的情形中,该定理断言,一截断了的瓦筒竖立在地面上,断口上必有对径的两点位于同一高度(图 6).在 2 维的情形中,该定理断言,若把一个气球的气放光,一定有原来对径的一对点重叠在一起.它还断言,如果气候只有温度和湿度两项指标,那么任何时刻地球上都有两个对径的地方气候完全相同;也就是说,温度相同,湿度也相同.这个定理的一般形式则是:如果 $f:S^n \to R^n$ 连续,则有 $x \in S^n$ 使得 $f(x) = f(-x)$.

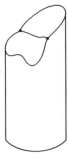

图 6

在此之前,定理只断定映像值相同的对径点的存在.今天,由于以上的发展,只要定理中的 f 已知,人们可以具体把映像值相同的一对对径点找出来.

这就是构造性数学.

知识的不确定性与不确定推理①

人工智能专家发现了一个有趣的事实:对一些人们觉得易如反掌的事,计算机处理起来却显得十分笨拙,甚至无能为力.例如,出生不久的婴儿能够准确无误地识别母亲的音容,但这件事若要让计算机来代劳,就麻烦得多了.这是因为人的许多知识具有所谓的不确定性.要想用机器模拟人的思维,使计算机成为真正的"电脑",就有必要讨论这种具有不确定性的知识的表示方式和处理方式.

随着计算机科学技术的飞速发展,计算机的应用领域在不断扩大.从单一数值计算扩展到非数值信息处理,又从信息(数值的和非数值的)处理走向知识工程.

知识工程的概念是美国计算机科学家费根鲍姆(E. A. Feigenbaum)教授在1977年第五届国际人工智能会议上首先提出的,目前它被广泛地用来代表一个新兴的学科领域.该领域以知识为研究对象,以知识的计算机处理为研究目的,以知识表示、知识运用、知识获取方法的研究及计算机实现为基本内容.

知识工程的崛起,使得什么是知识的讨论成为人工智能理论的一个热点.但迄今为止这一讨论并未能给知识带来一个明确的定义.为了与本文的叙述相协调,我们介绍文[1]中的说

---

① 本文摘自《自然杂志》第14卷(1991年)第5期,作者王元元.

法；知识是人通过实践认识到的关于客观世界规律性的东西；知识是信息经过加工整理、解释、挑选和改造而形成的.知识一般可分为说明性知识（提供概念和判断，人工智能中常称为事实）、过程性知识（提供关于规律性的描述，人工智能中常称为规则）以及控制性知识（提供关于知识运用策略的描述，有时也表示为规则，称为元规则）.关于知识特性的研究，对知识工程乃至人工智能各领域的发展有着决定性的意义.

与通常所说的数据相比，许多知识所具有的重要特性是所谓不确定性（uncertainty）.本文正是要讨论知识的这种不确定性，以及随之而产生的关于知识的操作（或运算）——不确定推理.

一、知识的不确定性

由于人的实践总是受到客观环境和条件的限制，人对客观世界的认识也总是受到时间、地点等因素的制约，因而对所获得的信息的加工整理、解释、挑选和改造常常会带有片面性、主观性和不精确性，这就造成了本文所说的知识的不确定性.这种不确定性在经验性知识（例如大多数医学诊断知识）中尤为显著，而处理经验性知识恰恰是知识工程所要解决的重大课题.

确切地说，本文所说的知识（主要是经验性知识）的不确定性，是指它的概然性（或随机性）、不完全性和不精确性.

例 1 在交通经常堵塞的情况下，若你在公共汽车站等候汽车而久候不至，你便会做出"十有八九又发生了交通堵塞"的判断，于是决定步行回家.这个判断是基于一种知识，即交通堵塞的可能性（概率），这就使得你的判断（事实的表述）也带上了概然性（probability）.尽管未必真的发生了交通堵塞，你还是宁愿使用这种具有概然性的知识，放弃候车，步行回家.

例 2 当听到别人在谈论鸟时，你便会产生"飞翔"的联想，因为与大多数人一样，"鸟是会飞的"已经是你的知识的一部分，不管你是否知道企鹅也是鸟，但它不会飞."鸟是会飞的"这类知识总有许多例外，因而我们说这类知识具有不完全性（incompleteness），这种不完全性（随着知识的增长，可能逐步地变得完全）通常很难用统计的方法来处理，因为造成这种不完全性的原因是：（1）对那些例外的无知；（2）有意忽略一些通常无关紧要的例外.

例 3 俄国大文豪列夫·托尔斯泰有句名言："人并不是因为美丽才可爱，而是因为可爱才美丽."这是关于人的形象美和心灵美的一个精辟论断，但是它涉及的概念"美丽"和"可爱"都无法精确地刻画，因此，我们不得不说这类知识具有不精确性.类似的概念很多，像"年老、年轻""容易、困难"，它们常被称为模糊（fuzzy）概念，涉及这些概念的知识也因而具有模糊性，或不精确性.你也许有过这样的经验,当别人问你某女士是否漂亮时,你会含糊其辞地回答"也许可以算漂亮"或"很难说她漂亮". 这时你使用了一个不精确的判断,然而精确地表达了你对这位女士漂亮与否的意见. 在这种情况下(涉及不精确概念),统计同样不能直接被用于知识的表达和处理,这时就需要一种独特的方法——引入一致性测度(或隶属度)来刻画知识的不精确性.

请注意,我们这里谈论知识的不确定性,并不意味着人类知识的这一特性是一种灾难;相反,正是对这种具有不确定性的知识的适当使用,才使人类的智能活动显得灵活而有效.

人工智能专家发现一个有趣的事实:越是可以精确地刻画、形式地描述的对象,计算机处理起来越是比人优越;而一些人们觉得易如反掌的事,计算机处理起来却十分笨拙,甚至无能为力. 例如,识别母亲的音容,出生不久的婴儿便可做到准确无误;但如果让计算机代劳的话,则要麻烦得多. 上述事实,笔者认为与人的知识的不确定性,以及运用这种知识特性的独到的能力有关. 因此,要想用机器模拟人的思维,使计算机成为真正的"电脑",就有必要讨论具有不确定性的知识的表示方式和处理方法.

二、不确定推理

知识的概然性、不完全性和不精确性,必然导致人类思维推理机制的概然性、不完全性和不精确性. 例如,下列推理方式是人们常见的:

(1) 如果交通堵塞,那么应步行回家.

十有八九交通发生了堵塞.
应步行回家.

(这里的事实前提并未得到确认,因而结论是否成立是概然的.)

(2) 鸟是会飞的.

乌鸦是鸟.
乌鸦是会飞的.

(这里的规则前提有许多例外,因而结论同样有理由说是令人不放心的.)

(3) 人如果可爱,则一定美丽.

这孩子挺可爱.
这孩子挺美丽.

(这里由"可爱则美丽"和"挺可爱"导出"挺美丽",这很难说是一种"合法"的推理.)

上述推理不同于传统的逻辑推理模式(modus ponens,简记为 mp)

$$A \rightarrow B \quad \text{(如果 } A\text{,那么 } B\text{)(规则)}$$
$$\frac{A}{B} \quad \begin{array}{l} \text{(事实)} \\ \text{(结论)} \end{array}$$

51

并且由它们导出的结论具有不确定性.人们把这种方便、灵活的推理方式称为不确定推理(uncertain reasoning).这显然是人类处理知识不确定性的有力工具.作为人工智能创始人之一的闵斯基甚至说,除了数学家,有谁在绝对严格的意义下使用 mp 进行演绎?几乎没有[2].因此,要弄清人的思维机制,要用计算机模拟这种机制,务必要弄清、并形式地刻画各种不确定推理.

知识不确定性的3种形式,决定了3种类型的不确定推理(如前面的3个例子),因而产生了3种类型的形式地描述不确定推理的方式.

基于概率的不确定推理　利用概率来规定事实和规则的正确性测度(或称可信度),来规定计算推理结果正确性测度的法则.由于正确性测度值通常取于区间[0,1],因而这类推理系统都为多值逻辑系统.

模糊推理　基于模糊子集和模糊关系理论,对谓词、关系词赋以隶属函数,并规定相应的运算法则,以建立推理中前提与结论的运算关系.由于隶属函数通常取值于区间[0,1],因而模糊推理系统也是多值逻辑系统.

上述两类不确定推理模式都是 mp 的推广.它们的基本推理形式是

$$\frac{A(c),A \rightarrow B(f(A,B))}{B(g(c,f(A,B)))} \quad \begin{array}{l} \text{(不确定事实与规则)} \\ \text{(不确定结论)} \end{array}$$

其中 c 为 A 的正确性测度(或隶属函数值), $f(A,B)$ 是由 A,B 的正确性测度(或隶属函数值)计算规则 $A \rightarrow B$ 的正确性测度的法则, $g(c,f(A,B))$ 则是计算推理结论正确性测度的法则.

非单调推理　这种推理并不像经典的逻辑推理那样,可导出的逻辑结果随着知识的增长而单调地增长;相反,由于使用了不完全知识,当知识增长时,其本来可导出的逻辑结果可能反而不能再得到.例如,由"鸟是会飞的"和"企鹅是鸟"可推得"企鹅会飞",但当你得知企鹅是一个例外,它不会飞时,原来的结论便不会再得到.实现非单调推理的系统依然是二值逻辑系统.这种系统的特点是,系统先有意无意地将自己陷于"不完全知识"的"蒙蔽"中,达到使系统简明高效的目的;当新的知识使原有的"不完全知识"不能成立时,系统又能自动地修改后者,使它不能导出与新知识相悖的结论,并且成为一个新的较完全的"不完全知识".例如得知企鹅不会飞后,将"鸟是会飞的"改为"鸟是会飞的,除了企鹅".

下面分类介绍这3种不确定推理形式表述方法的最基本原理,其中不得不使用一些基本的数理逻辑符号.这些符号的意义可在任何一本数理逻辑教材中找到,在此就不再做说明了.

三、基于概率的不确定推理

基于概率的不确定推理有多种形式,目前人们对它的讨论比较充分,应用也颇有成效,在许多成功的知识处理系统中运用了这类不确定推理.

最早的这种系统可认为是雷斯彻(N. Rescher)的概率逻辑(probabilitic logic)[3].他的做法如下:

1.对命题集合规定一个结构,即满足下列条件的有补格〈$\mathscr{P}$,$\wedge$,$\vee$,true,false〉($\mathscr{P}$为命题集合)—— 对 $\mathscr{P}$ 中任意命题 p,q,r,有:

(1)$p \wedge p = p \vee p = p$(等幂律);

(2)$p \wedge q = q \wedge p, p \vee q = q \vee p$(交换律);

(3)$p \wedge (q \wedge r) = (p \wedge q) \wedge r, p \vee (q \vee r) = (p \vee q) \vee r$(结合律);

(4)$p \wedge (q \vee r) = (p \wedge q) \vee (p \wedge r), p \vee (q \wedge r) = (p \vee q) \wedge (p \vee r)$(分配律);

(5)$p \wedge \text{true} = p \vee \text{false} = p, p \wedge \text{false} = \text{false}, p \vee \text{true} = \text{true}$;

(6)对每一 p 存在 p'(记为 $\neg p$)使
$$p \vee p' = \text{true}, p \wedge p' = \text{false}$$

(7)定义 $\mathscr{P}$ 上偏序 $\leqslant$,$p \leqslant q$ 的充要条件是 $p \wedge q = p$(或 $p \vee q = q$).

2.对 $\mathscr{P}$ 中命题规定真值映射 v,使得对任意 $p,q \in \mathscr{P}$,有:

(1)$v(p) \in [0,1]$;

(2)若 $p \leqslant q$,则 $v(p) \leqslant v(q)$;

(3)$v(p \vee q) = v(p) + v(q) - v(p \wedge q)$(概率公理);

(4)$v(p \wedge q) = 0$ 当且仅当 $\neg p \leqslant q$ 且 $\neg q \leqslant p$;

(5)$v(\text{true}) = 1, v(\text{false}) = 0$;

(6)$v(p \vee \neg p) = 1 (v(p \wedge \neg p) = 0)$.

3.定义 $p \rightarrow q$ 为 $\neg p \vee q$ 的缩写,因而
$$v(p \rightarrow q) = 1 - v(p) + v(q) - v(\neg p \wedge q)$$

于是由 $v((A \rightarrow B) \wedge A)$ 可得出以 $A \rightarrow B$ 和 A 为前提的逻辑结果 B 的真值 $v(B)$.

基于概率的不确定推理中,最为简明有效的一种是所谓"确定性理论"(certainty theory).在这种理论中,原始事实(证据)的可信度可由专家确定,也可使用事实的先验概率确定.证据 A 的可信度 $CF(A)$ 满足(以下 $\overline{A}$ 表示 $\neg A$):

(1)$-1 \leqslant CF(A) \leqslant 1$;

(2)$CF(\overline{A}) = -CF(A)$;

(3)$CF(A_1 \wedge A_2) = \min(CF(A_1), CF(A_2))$;

(4)$CF(A_1 \vee A_2) = \max(CF(A_1), CF(A_2))$.

此外,规则 $A \rightarrow B$ 的可信度
$$CF(B,A) = \begin{cases} (P(B \mid A) - P(B))/(1 - P(B)), & \text{当 } P(B \mid A) \geqslant P(B) \text{ 时} \\ (P(B \mid A) - P(B))/P(B), & \text{当 } P(B \mid A) < P(B) \text{ 时} \end{cases}$$

当 $P(B \mid A) \geqslant P(B)$ 时, $CF(B,A) \geqslant 0$, 表示 A 对 B 的支持程度; 当 $P(B \mid A) < P(B)$ 时, $CF(B,A) < 0$, 表示 A 对 B 的不支持程度.

若已知 $A(CF(A))$, $A \to B(CF(B,A))$, 则可推得

$$B(CF(B)) = CF(B,A) \max(0, CF(A))$$

确定性理论的缺陷在于 $CF(B,A)$ 只指出了 A 真时对 B 的影响程度, 却不关心 A 假时对 B 的影响, 主观贝叶斯方法(subjective Bayesian method)弥补了这一不足.

主观贝叶斯方法中证据 A 的可信度 $O(A)$ 用证据发生的先验概率来确定

$$O(A) = P(A)/(1 - P(A))$$

显然 $O(A) \in [0, \infty)$.

规则 $A \to B$ 的可信度 $f(A,B)$ 则用一对序偶来度量, 即 $f(A,B) = (LS, LN)$, 其中

$$LS = P(A \mid B)/P(A \mid \overline{B})$$
$$LN = P(\overline{A} \mid B)/P(\overline{A} \mid \overline{B})$$

据概率论中著名的贝叶斯公式不难验证

$$O(B \mid A) = LS \cdot O(B)$$
$$O(B \mid \overline{A}) = LN \cdot O(B)$$

由 $O(B \mid A)$, $O(B \mid \overline{A})$ 的意义可知, LS 表示 A 为真时对 B 为真的影响程度, LN 表示 A 为假时对 B 为真的影响程度. 容易看出

$$LS \begin{cases} =1, \text{当 } O(B \mid A) = O(B) \text{ 时}(A \text{ 对 } B \text{ 没有影响}) \\ >1, \text{当 } O(B \mid A) > O(B) \text{ 时}(A \text{ 支持 } B) \\ <1, \text{当 } O(B \mid A) < O(B) \text{ 时}(A \text{ 不支持 } B) \end{cases}$$

和

$$LN \begin{cases} =1, \text{当 } O(B \mid \overline{A}) = O(B) \text{ 时}(\overline{A} \text{ 对 } B \text{ 没有影响}) \\ >1, \text{当 } O(B \mid \overline{A}) > O(B) \text{ 时}(\overline{A} \text{ 支持 } B) \\ <1, \text{当 } O(B \mid \overline{A}) < O(B) \text{ 时}(\overline{A} \text{ 不支持 } B) \end{cases}$$

若已知 $A \to B(LS, LN)$ 和 A 的一组证据 A', 则 A' 条件下 B 的可信度

$$O(B \mid A') = P(B \mid A')/(1 - P(B \mid A'))$$

其中

$$P(B \mid A') = P(B \mid A)P(A \mid A') + P(B \mid \overline{A})P(\overline{A} \mid A') =$$
$$\begin{cases} P(B \mid A) = LS \cdot P(B)/((LS-1)P(B)+1), \text{当 } P(A \mid A') = 1 \text{ 时} \\ P(B \mid \overline{A}) = LN \cdot P(B)/((LN-1)P(B)+1), \text{当 } P(A \mid A') = 0 \text{ 时} \\ P(B), \text{当 } P(A \mid A') = P(A) \text{ 时} \end{cases}$$

用以上 3 点作线性插值近似计算, 其他情况下

四、模糊推理

基于概率的不确定推理的一个重要缺陷是:经常涉及事件的独立性要求.这在实际上是很难得到满足的.而基于模糊集合理论的模糊推理[4],在很大程度上避免了上述缺陷.

把集合的特征函数(二值)推广为取值于[0,1]的映射,是模糊集合论的支柱.设 U 为集合,称为基集,它是一个经典意义下的集合. $\mu:U \to [0,1]$ 刻画了一个 U 的模糊子集.例如,设 $U=\{0,1,2,3,4,5,6,7,8,9\}$,那么 U 的"相当大的数字"子集 A,由 $\mu_A = 0/0 + 0/1 + 0.1/2 + 0.2/3 + 0.4/4 + 0.8/5 + 0.9/6 + 1/7 + 1/8 + 1/9$ 刻画,这里 y/x 表示 $\mu_A(x)=y$,$+$ 为一形式记号.当 $\mu_A(x)=y$ 时,称 y 为 x 对模糊子集的隶属度,或 y 对 A 所表示的模糊概念的一致性测度.通俗地说,y 给出了个体 x 对于概念 A 的符合程度或一致程度.

基于模糊集合论的不确定推理,把命题所涉及的客体对所论模糊概念的一致性测度看作该命题的可信度.例如,设 $A(x)$ 表示"x 是 U 中相当大数字",那么 $A(5)$ 的可信度为 0.8.另一方面,规则 $A \to B$ 被看作"模糊关系".设 A,B 分别为 U_1,U_2 的模糊子集,那么 $A \to B$ 为笛卡儿积 $U_1 \times U_2$ 的模糊子集,$\mu_{A \to B}$ 定义如下

$$\mu_{A \to B}(x,y) = \max(1 - \mu_A(x), \min(\mu_A(x), \mu_B(y)))$$

例如,设 $U_1 = U_2 = \{1,2,3,4,5\}$,$A(x)$ 表示"x 小",$B(y)$ 表示"y 大",$\mu_A = 1/1 + 0.5/2$,$\mu_B = 0.5/4 + 1/5$(这里 $0/x$ 被省略),那么,$\mu_{A \to B}$ 可用下列矩阵表示

$$\begin{bmatrix} 0 & 0 & 0 & 0.5 & 1 \\ 0.5 & 0.5 & 0.5 & 0.5 & 0.5 \\ 1 & 1 & 1 & 1 & 1 \\ 1 & 1 & 1 & 1 & 1 \\ 1 & 1 & 1 & 1 & 1 \end{bmatrix}$$

若已知 $A \to B(\mu_{A \to B})$ 及与 A 接近的概念 $A'(\mu_{A'})$,则可推出 $B'(\mu_{B'} = \mu_{A'} \circ \mu_{A \to B})$(这里"$\circ$"为矩阵的乘法,但其分量值大于 1 时取值 1).例如,若在上例中添加 $A'(x)$:"x 较小",$\mu_{A'} = 1/1 + 0.4/2 + 0.2/3$,则可算得 $\mu_{B'} = 0.4/0 + 0.4/1 + 0.4/2 + 0.5/3 + 1/5$,$B'(x)$ 可解释为"y 较大".这就是说,由事实"x 较小"和规则"如果 x 小则 y 大",可推出"y 较大".

模糊推理的进一步成果是使用语言变量,即建立模糊语言逻辑.其中一个语句的真值是一个语言值,例如"不十分真"或"非常真",它们用[0,1]的模糊子集来表示.由于[0,1]中所有模糊子集组成分配格,文[5]提出了真值取在格

上的模糊逻辑,并将传统逻辑的归结原理引入模糊逻辑.其主要做法如下:

1.在有补分配格 $\Lambda = \langle [0,1], ', \min, \max \rangle$ 上定义一个 $\bigoplus$ 运算

$$a \bigoplus b = (a+b)/2$$

(以上"'"为补运算,即 $a' = 1 - a$.)

2.对每一原子命题 P 及其否定赋一值 $\lambda \in \Lambda$,分别记为 λP 和 $\lambda \neg P$.规定公式的真值 v 如下:

(1) $v(\lambda P) = \lambda, v(\lambda \neg P) = 1 - \lambda$;

(2) $v(\neg A) = 1 - v(A)$;

(3) $v(A \vee B) = \max(v(A), v(B))$;

(4) $v(A \wedge B) = \min(v(A), v(B))$;

(5) $v(A \rightarrow B) = v(\neg A \vee B)$;

(6) $v(\forall x A(x)) = \inf\limits_{x \in D}\{v(A(x))\}$;

(7) $v(\exists x A(x)) = \sup\limits_{x \in D}\{v(A(x))\}$;

(8) $v(\lambda A) = \lambda \bigoplus v(A)$;

(9) $v((\lambda \forall x)A(x)) = v(\lambda(\forall x A(x)))$;

(10) $v((\lambda \exists x)A(x)) = v(\lambda(\exists x A(x)))$.

3.规定两文字 $\lambda_1 L$ 与 $\lambda_2 L$(其中 L 为原子命题或它们的否定)相似、互补的概念:λ_1, λ_2 同在一个阈值 λ 之上(或之下)称为 λ — 相似;$\lambda_1 > \lambda, \lambda_2 < 1 - \lambda$ ($\lambda \geqslant 0.5$) 或 $\lambda_1 < \lambda, \lambda_2 > 1 - \lambda$ ($\lambda \leqslant 0.5$) 则称为 λ — 互补.

4.将公式子句化后,合并同一子句中的相似文字,归结子句间的互补文字,就像一阶谓词演算的归结原理那样.

五、非单调推理

非单调逻辑是近年发展起来的一类逻辑推理形式系统,是计算机科学家为刻意描述人类非单调推理机制而做出的非凡创造[5]. 目前,它们常被叫作"非经典逻辑",而不常被称为"不确定推理系统". 我们按其所用知识及推理结论的不确定性,将它们列入不确定推理范畴之中. 下面将介绍两种这样的系统.

赖特(Reiter)的非单调逻辑系统的缺省推理(default reasoning) 缺省推理中要求事实是确定的,但需使用下述所谓缺省推理规则

$$\frac{\alpha(x): M\beta_1(x), \cdots, M\beta_m(x)}{\omega(x)}$$

这里 $\alpha(x), \beta_1(x), \cdots, \beta_m(x), \omega(x)$ 均为一阶公式,$M\beta_i$ 表示"β_i 与系统不矛盾",即系统当前推不出 β_i. $\alpha(x)$ 称为先决条件,诸 $\beta_i(x)$ 称为缺省条件,$\omega(x)$ 称为结论.例如

$$\frac{\mathrm{bird}(x);M\mathrm{fly}(x)}{\mathrm{fly}(x)}$$

$$\left(\frac{x \text{ 是鸟：“} x \text{ 会飞”与系统不矛盾}}{x \text{ 会飞}}\right)$$

就是常识"鸟是会飞的"的形式描述.如果系统中没有也推不出"企鹅不会飞",则由上述规则可推得"企鹅会飞";而当系统扩充,变得可以推得"企鹅不会飞"时,由上述规则便不再能推出"企鹅会飞"的结论.

麦卡锡的限定论(circumscription) 在有关常识的推理中,人们常常把已发现的、具有某些性质的客体,看作是具有该性质的"全部客体",并在推理中使用这种"偏见".例如在说"船可用来渡河"时,常常将自己的思维限于"只有船可用来渡河",因而在要渡河时,只是一味地找船.人们还常常把已发现的某客体的性质,看作是该客体所具有的"唯一性质".例如在上述例子中,常常让自己"一叶障目"地认为"船只能用来渡河",从而不考虑船的其他用途.当讨论的问题改变时(例如不讨论渡河而讨论旅行时),人们会随着知识的改变而对这些"片面"的意见做自动的调整,以便在新的讨论中运用这些新形式下的"偏见"对事物做出快捷、机敏和准确的反应.麦卡锡将人的这种不确定推理方式,在二阶逻辑中形式地表述出来.这就是说,他用二阶逻辑语句表述了"已发现的、具有某性质的已知客体就是具有该性质的全部客体",并将它作为系统的一个公理.不管知识如何变化,该公理总能准确地表达出这个"限定".具体做法如下:

设一个 n 元关系(或性质)被表示为 n 元谓词 $P(x)$,而 $A(P)$ 表示一个含 P 的公式.所谓 P 的在公式 $A(P)$ 中的限定是指如下的公式模式

$$A(\Phi) \wedge \forall x(\Phi(x) \to P(x)) \to \forall x(P(x) \to \Phi(x))$$

这里 $A(\Phi)$ 表示将 A 中的 P 的所有出现代换为 Φ 而得到的公式.

例如,当我们说"他们中 a,b 是病人"时,我们常常接受这样的限定:"只有 a,b 是病人."用上述公式模式表示就是:设 $P(x)$ 表示"x 是病人",我们的论题 $A(P)$ 是 $P(a) \wedge P(b)$,因而有

$$\Phi(a) \wedge \Phi(b) \wedge \forall x(\Phi(x) \to P(x)) \to \forall x(P(x) \to \Phi(x))$$

如果令 $\Phi(x)$ 为 $(x=a) \vee (x=b)$,那么上式为

$$((a=a) \vee (a=b)) \wedge ((b=a) \vee (b=b)) \wedge \forall x((x=a) \vee (x=b) \to P(x)) \to \forall x(P(x) \to (x=a) \vee (x=b))$$

由于 $((a=a) \vee (a=b)) \wedge ((b=a) \vee (b=b))$ 为真,所以有

$$\forall x((x=a) \vee (x=b) \to P(x)) \to \forall x(P(x) \to (x=a) \vee (x=b))$$

如果已知 $P(a) \wedge P(b)$ 为真,那么 $\forall x((x=a) \vee (x=b) \to P(x))$ 即真,从而

$$\forall x(P(x) \to (x=a) \vee (x=b))$$

这正是说:"所有的病人或者是 a 或者是 b".

当讨论变为 a,b,c 是病人,即 $P(a) \wedge P(b) \wedge P(c)$ 时,只要令 $\Phi(x)$ 为

$(x=a) \lor (x=b) \lor (x=c)$,那么上述公式模式便产生新情况下的限定:"只有 a,b,c 是病人."

类似地,也可对"性质方面的限定"建立相应的公式模式.

需要说明的是,限定论完全在传统逻辑中实现,因而很少说它是不确定推理系统,但我们宁可把它看作是在传统逻辑中模拟不确定推理的不确定推理系统.

从一定意义上讲,实现有效的不确定推理是人工智能、知识工程成败的关键,但目前的有关讨论还很初步,因此知识不确定性、不确定推理的研究是一个可以大有作为的领域.

[1] 史忠植. 知识工程. 北京:清华大学出版社,1988.

[2] MINSKY M. The Psychology of Computer Vision,Winston P. ed. McGraw-Hill,1975.

[3] RESCHER N. Acta Philosophica Fennica,1963.

[4] 刘叙华. 模糊逻辑与模糊推理. 长春:吉林大学出版社,1989.

[5] 王元元. 计算机科学中的逻辑学. 北京:科学出版社,1989.

计算机科学与逻辑学①

我现在年纪大了,研究了这么多年软件,错误不知犯了多少,现在觉悟了.我想,假如我早在数理逻辑上好好下点工夫的话,我就不会犯这么多错误.不少东西逻辑学家早就说了,可我不知道.要是我能年轻20岁的话,就要回去学逻辑.

——迪斯特克拉

当前逻辑学(这里指现代逻辑或数理逻辑)名噪一时,这并非因为数学界对它的格外青睐,而是由于计算机科学界对它的加倍推崇.软件大师迪斯特克拉(Dijkstra)的上述肺腑之言,清楚地说明了这一点.

计算机科学与逻辑学究竟是什么关系呢?著名数理逻辑学家莫绍揆教授曾这样说:计算机程序设计理论等,或者就是数理逻辑,或者是用计算机语言书写的数理逻辑,或者是数理逻辑在计算机上的应用.事实正是如此.目前,从基本逻辑电路的设计,到巨型机系统结构的研究,都少不了逻辑知识;从程序设计人员到计算机科学或工程的高级专家的培养,数理逻辑的训练已经是必不可少的一环.

通常,数理逻辑是指包括下列五大内容的数学分支:

(1)符号逻辑基础(symbolic logic,包括命题演算、谓词演算及其他符号逻辑系统);

---

① 本文摘自《自然杂志》第 14 卷(1991 年)第 11 期,作者王元元、汪灵华、骆光武.

（2）集合论（set theory）；

（3）递归论（recursive theory，又称可计算性理论）；

（4）模型论（model theory）；

（5）证明论（proof theory）.

除了证明论，其余四大内容都对计算机科学产生了、并正在产生着巨大的影响，其中许多重要成果，已广泛地应用于计算机科学技术的各个领域.

一、逻辑与计算机

数理逻辑产生与发展的原动力之一，是人们试图把计算、推理过程分解成一些非常简单原始的、非常机械的动作，从而让机器代替人来完成这些计算及推理. 数理逻辑的奠基人莱布尼兹（G. W. von Leibniz）早在 1673 年就曾亲自制作过一台数字计算机，并且预言"将做出一种'通用代数'（即数理逻辑——笔者注），在其中，一切推理的正确性将化归于简单的运算；它同时又将是通用语言，但却和目前的一切语言完全不同，其中的字母和字将由理性来确定；除却事实的错误以外，所有的错误将只是由于运算失误而来. 要创作或发明这种语言也许是困难的，但要学习它，即使不用字典也是很容易"的. 从此，这种通用代数的寻求，以及实现这种通用代数中的运算的计算机的研制，成了两条既相互独立，又相互影响的战线，逻辑与计算机从一开始就结下了不解之缘.

第一个这样的"通用代数"就是大家熟知的布尔（Boole）代数，它是数字电路、数字系统逻辑设计的理论基础，当然也是电子数字计算机系统逻辑设计的理论基础.

最基本的开关器件——分列元件门电路的逻辑描述离不开布尔代数；重要的逻辑部件和各种运算电路——触发器、寄存器、计算器、半加器、全加器等的设计分析也离不开布尔代数；至于复杂的组合逻辑电路、时序逻辑电路的分析、综合及简化，更需要运用布尔代数. 今天，布尔代数还被用于集成电路理论，在诸如基本的 TTL（transistor-transistor logic）电路、ECL（emitter coupled logic）电路的描述、分析及综合中得到应用. 由此可见，布尔代数为计算机的诞生和发展做出了重要的贡献.

二、逻辑与计算理论

20 世纪 30 年代，数理逻辑学家开始讨论计算的本质，即"究竟什么是计算""什么是计算的数学模型"，或者"究竟什么是能行可计算的". 丘奇、克林从可计算函数的数学特征出发，发现以"后继函数""投影函数"和"常数函数"为基础函数,以原始递归式和广义递归式为函数生成算子的归纳集 —— 递归函数集是可计算函数集的子集,并且几乎不可能想象有能行可计算的函数不是递归函数.于是他们断定:"能行可计算函数集等同于递归函数集"(丘奇论题).几乎同时,图灵给出了一个简明而又功能很强的计算模型 —— 图灵机,以至于用它可计算的函数不言而喻地是能行可计算的,并且极容易被形式地表示.图灵从而断定"能行可计算函数集等同于图灵机可计算函数集"(图灵论题).他证明了"图灵可计算函数集等同于递归函数集".因此,用丘奇论题、图灵论题作为能行可计算函数的形式定义被人们普遍接受,并被认为是计算机科学的一条基本原理或定律.

正是上述对计算概念和计算模型的深刻讨论(可计算性理论),为现代电子数字计算机的诞生奠定了理论基础.

在可计算性理论基础上,麦卡锡为建立起一个计算机科学理论体系,做出了极其重大的贡献,他利用 λ — 演算建立起一个表达计算理论的概念和成果的形式系统 ——S 表达式演算,它既是一种计算模型,又是一种程序设计语言,从而使可计算理论摇身一变而成为计算机科学理论.进而讨论得出,具有下列五大特征的(理想化的)程序设计语言可计算的函数集等同于递归函数集和图灵机可计算函数集,从而在丘奇 — 图灵论题下,等同于能行可计算函数集:(1)可计算后继函数、投影函数和常数函数;(2)有子程序调用功能;(3)有条件语句;(4)有对程序的编码和译出功能;(5)可用该语言编写一个通用程序,可计算所有该语言程序可计算的函数.

通常,人们把上述计算机科学理论叫作计算理论(computational theory).计算理论试图解释基本计算活动 —— 用程序设计语言编写程序中的种种现象,诸如过程、递归、有终性等.

计算理论通常还包括"计算复杂性"理论,它的另一个名字就是"现实可计算性"理论.利用图灵机来讨论可计算函数的计算复杂性是方便的.例如,以图灵机的每一个动作耗费时间为单位时间,那么图灵机完成一个算法的总操作数目可以确定为算法的时间复杂度;以图灵机扫描的方格为一单位空间复杂度,那么图灵机在运行一个算法时扫描过的方格总数,便是该算法的空间复杂度.我国数学家洪家威,在对图灵机计算复杂性做了深入分析后,提出了一个"相似性原理":合理的计算模型的复杂度本质上是一样的(至多相差一个多项式).这一原理引起各国计算机科学界的广泛重视.目前还有一些计算机科学家,正在利用图灵机计算复杂性讨论"P=NP?"这一重大课题,即"确定型图灵机在多项式时间内可计算函数集(P)是否等同于不确定型图灵机在多项式时间内可计算函数集(NP)?"(注意,两者在不计复杂性时,具有同等的计算能力).还值得一提的是,目前讨论"P=NP?"问题的一个主要工具 —— 相对化,也是递归论研究所提出的归约概念的一个应用.

三、逻辑与计算机系统

有人把数据结构与控制结构看作是计算机系统的两大基本结构,前者以集合理论为基础,而后者则以自动机理论为背景.研究表明,一方面,现代电子数字计算机的控制结构等价于有穷自动机;另一方面,当有穷自动机具有一定的"记忆"功能后可以等价于图灵机,因而理想化的(不计时间和空间限制)计算机的计算功能与图灵机相同.

自动机理论还被直接应用于计算机的设计以及计算可靠性保障的研究中,包括如何使用不可靠的元件构造出可靠的系统,如何在遭受破坏时保证系统的可靠使用.

众所周知,编译系统是计算机系统的一个重要组成部分,但编译程序的词法分析建基于有穷自动机,而其语法分析则借助于上下文无关文法(一种形式语言的文法),用它描述程序语言的结构.例如,可用下列状态转换图(图 1)所表示的有穷自动机来识别 FORTRAN 实型常数.

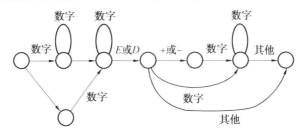

图 1　状态转换图

语言分析的目的,是要判断给定符号串是否为语言的合法语句.其方法是,对给定符号串,按语言的文法(它的大部分可以用上下文无关文法的生成规则来表示)进行分析(利用归约、文法树等).如果有一个生成该符号串的文法序列,它们都是该语言的文法,那么这个符号串是该语言的合法语句,否则就不是.

另一个已用于计算机系统软件研究的逻辑系统是模态逻辑(modal logic).它用于计算机网络或分布式操作系统的通信协议描述,最近又用于基于知识的分布式系统的描述.

四、逻辑与程序设计

符号逻辑与程序正确性验证、程序分析、程序综合以及程序设计环境及工具的研究,有着十分密切的关系.

弗洛伊德(Floyd)提出对框图程序使用归纳断言法证明程序正确性后,曼纳(Manna)即用一阶谓词演算将这方法形式化;同时霍尔(Hoare)提出了他的程序逻辑,用以刻画程序的语义及程序正确性的形式证明.曼纳还提出了对任意程序 P 和相应的入口、出口条件机械地生成验证条件(诸路径条件的合取)的方法.

霍尔的程序逻辑把基本语句和说明语句的语义定为公理,结构性语句和说明语句定为推理规则.其系统内公式形如:$A\{P\}B(A,B$ 为一阶公式,P 为程序).意指:A 在 P 执行前成立,且 P 终止,那么 B 在 P 执行后成立.

从霍尔的方法还发展出了程序正确性证明的最弱前置谓词方法.

设 $WP(P,B)$ 为满足下列条件的最弱语句:为了使 P 终止且在 P 完成后公式 B 为真,那么证明 $A\{P\}B$ 由步骤(1)找出 $WP(P,B)$,和(2)证明 $A-WP(P,B)$ 来实现.

值得一提的是,由最弱前置谓词方法发展出来的程序形式推导技术,是程序自动生成领域的一个重要的方面.同时,程序设计工具和环境的研究也离不开规范的形式描述以及语义的形式表示.显然,这些工作都与逻辑学相关.

正是由于上述原因,也由于对程序的可靠性、可移植性有了更高要求,形式描述程序设计语言语义成了中心议题,形式语义学的研究在模型论、$\lambda-$演算的基础上蓬勃发展起来了.

由斯特雷奇(Strachey)和斯科特(Scott)于 20 世纪 60 年代确立的指称语义学以模型论为基础,它将全体语言成分映射到(指称为)一个对象域的相应物,类似于模型论中的解释(interpretations).因此它不强调语义与机器的关系.基于指称语义学方法发展出一整套开发软件的工程方法,叫作维也纳开发方法,简称 VDM.

操作语义学把语言的实施作为语言的语义,因此它与机器的行为有关.正因为这样,要分辨某些语言成分,例如实参和形参,需要引入 $\lambda-$演算的某些概念.操作语义学首先是由兰丁(Landin)提出的.其后,IBM 公司维也纳实验室在进行了程序语言 PL/I 的形式描述后,提出了描述操作语义的一种元语言,简称 VDL.

霍尔的程序逻辑方法被称为公理语义学方法,霍尔的系统是建基于一阶逻辑的,事实上,也可以建基于模态逻辑,从而产生描述程序语义的逻辑系统 —— 时态逻辑(temporal logic).

应当指出的是曼纳给出了一个这样的时态逻辑系统,它同时又是并发程序正确性的验证系统.当消解原理在定理证明中广泛应用之后,人工智能也把程序分析、程序综合作为自己的一个研究课题.

五、逻辑与程序设计语言及数据库

在早期的程序设计高级语言中,已经引用了一些逻辑概念,例如逻辑运算、约束变元概念等.ALGOL60 等语言中形参、实参的区分便是用于强调变元的约束、非约束特性的.

第一个建基于逻辑演算的程序设计语言是 LISP,它以 λ — 演算为基础,是一种重要的人工智能程序设计语言.

被人们誉为第五代电子计算机核心语言的 PROLOG 是一种逻辑型程序设计语言.一方面,它不仅是一种高级程序设计语言,而且是一个逻辑系统.由于 PROLOG 是一种描述性语言,只要求程序设计者描述求解的问题,而无须表述如何求解的过程,因此它是一种相当高级的程序设计语言(对人而言);另一方面,由于它以最原始的逻辑推理为基础,以匹配、合一及回溯为基本实现手段,因而它又是一种十分低级的程序设计语言(对机器而言).正是这种双重特性,使得 PROLOG 具有与通常高级语言不同的诸多优点.例如,逻辑与控制分离;数据结构与过程分离;变元不重新赋值,没有动态与静态的冲突;具有多解性和可逆性;程序设计易学,易掌握;语言的实现比较容易等.

为了把函数式程序设计语言效率高和逻辑型程序设计语言表达能力强的优点结合起来,人们又研制了所谓的混合型语言,它们是最新型的程序设计语言.例如 20 世纪 80 年代初,鲁宾逊(Robinson) 等提出的 LOGLISP,保持 LISP,增加系统函数来吸收逻辑语言的功能.稍后出现的 FUNLOG,则保持 PROLOG,增加函数定义方程的功能.

数据库语言作为更高层次的高级语言,当然也受到逻辑学的影响.它的下述发展过程显然是逻辑推动的结果:数据库 → 关系数据库 → 演绎数据库 → 知识库.

20 世纪 70 年代初,科德(Codd) 系统地把集合论(或谓词演算)中的关系演算引入数据库研究后,关系数据库的理论和研究便得到迅速的发展.

关系数据库使用的主要数学工具是关系代数(或元组演算),它们是集合论的一个子集,可以等价地用一阶谓词演算加以描述.关系数据库的查询语言,可以谓词演算为基础.例如 QUEL,它是 INGRES 数据库中的查询语言,面向元组演算,查询语句可从问题的一阶语句描述直接转换而得;反之,查询语句也可译为一阶公式.

关系数据库的规范化理论的核心问题是所谓数据依赖问题,其中最重要的是函数依赖(functional dependency)和多值依赖(multivalued dependency),它们都日益受到逻辑学家的关注.他们用形式化的方法 —— 逻辑的最基本手段，来处理数据依赖，例如阿姆斯特朗（Armstrong）的函数依赖公理系统.

演绎数据库通常指具有演绎功能的关系数据库.它包含数据间的实关系——事实上的逻辑关系，以及数据间的虚关系——实数据与经过逻辑演绎可得到的新数据之间的逻辑关系.此外，它还含有进行演绎的逻辑规则库.对实关系查询时，直接查询数据库的数据库管理系统（DBMS）；对虚关系查询时，则需调用逻辑演绎规则证实这一虚关系，并将其转化为实关系，进而改为用DBMS查询语句作上述查询.

演绎数据库的数据描述语言和查询语言使用PROLOG是适当的，因为它不仅有很好的演绎功能，而且具有数据与程序结构相同的优点.演绎数据库的基本结构如图2所示.如果在演绎数据库中存放的不只是通常的数据，而是经过整理的专家的知识，并且数据库本身又有对这些知识进行调整、优化的功能，甚至具有自适应、自学习的能力，那么它就是通常所说的知识库或专家系统.知识库的开发表明，知识的表示、知识的运用、知识的获取都与逻辑紧密相关.

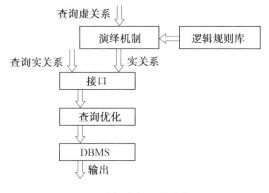

图 2　演绎数据库结构框图

六、逻辑与知识工程

计算机科学技术的一个新兴领域——知识工程（knowledge engineering）正在迅速发展，它的一个主角正是逻辑学.这是因为，在知识表示、知识处理及知识获取中，逻辑都是有力的工具.

知识的一阶逻辑表示（一阶谓词公式）不仅本身十分容易处理（利用消解原理），而且还极易转换为产生式表示形式、单元知识表示形式、语义网络表示形式等.

涉及动态概念的问题还可借助于模态逻辑或由其演化出来的逻辑系统来表示.程序语义可利用时态逻辑、动态逻辑来描述，协议可以用推广了的模态逻辑系统来描述.此外，逻辑学家还提供了刻画认知、信念和行为的模态逻辑系统.

对不精确信息的表示,可使用模糊逻辑(fuzzy logic)以及其他不确定推理方式,诸如确定性因子理论(certainty theory)、证据理论(evidence theory)等;对概然性信息的表示,可使用另一类不确定推理方式:贝叶斯方法(Bayesian methods)和主观贝叶斯方法(subjective Bayesian methods);对不完全信息的表示,则可使用非单调逻辑(non-monotonic logic)、缺省推理系统(default reasoning)、限定理论(circumcription theory)等.

推理机的研制是知识应用的一个关键问题.不同的知识表示,其推理机也各不相同.例如 PROLOG 的推理机,就是自上而下的匹配.在不确定推理中,通常采用匹配和近似匹配作为其推理机,近似匹配又由各种不同的算法来实现(例如模糊逻辑中隶属度的计算方法和确定性因子理论中的可信度计算方法);在非单调推理系统中,推理机具有利用常识的功能,能自动地对知识库进行协调和解决冲突.因此,逻辑对于推理机的研制更是必不可少的基础.

在知识获取系统中,人们广泛地应用非经典逻辑系统,例如模糊逻辑、归纳逻辑、概率逻辑等.在这里,人们要解决的一个根本问题是,如何使机器通过若干特例,获取一般的知识,即使得机器有自学习的功能.通常使用的类比学习算法、归纳学习算法、联想学习机制实现等都可用这些逻辑系统作为工具.《非单调启发式推理系统》(王元元)中提出了一种逻辑系统,允许系统在推理中引入假设,这对于想要具有学习机制的系统无疑是十分有吸引力的.因为在这类系统中,学习所得的知识最初都表现为一种假设,而只有在反复推理中不被证伪时,才能作为知识放入系统的知识库中去.

七、逻辑还能为计算机做些什么

为计算机写数学,一直是逻辑学家的奋斗目标之一.他们发现,以前的数学是为人写的,人的直观、人的雄辩、人的变通,使得数学留下了诸多弊病,例如,对变元使用的混乱;排中律的先入为主,使得数学滥用非构造性的对象及非构造性的论证,以致现有数学无法很好地为计算机服务.他们断定,应当用直觉主义逻辑,用类型理论,甚至用可能使用硬件实现的组合逻辑来重写数学,使它为计算机所接受.这是逻辑可以为计算机做的最有意义的事情.《形式语义基础与形式说明》一书试图在这方面迈出有意义的一步.

关于五代机的讨论并没有结束,这依然是举世瞩目的大问题.有人认为具有并行计算能力的超巨型计算机是五代机,有人则认为所谓智能机是五代机.以后者为主要观点的逻辑学家和计算机科学家,把注意力集中在具有高度推理能力的智能处理系统的研制上.作为第一步,他们的目标是研制 LISP 机和

PROLOG 机,用硬件实现 LISP 的主要功能及 PROLOG 的匹配合一功能.这一目标已经取得了不少成果,LISP 机已经很多,我国西安交通大学也研制了我国的第一台 LISP 机.显然,这个领域内,逻辑大有用武之地.

知识工程领域依然是逻辑的重要战场.弄清知识的基本意义,寻找知识表示的更有效的手段,适当地处理"背景问题"和"常识问题"是知识工程的根本问题,它们的最终解决,必定会求助于逻辑.特别是新一代的知识处理语言的研究,大多以逻辑理论为基础.例如 LFN 语言,是以 λ — 演算和组合逻辑为基础的,它是一种全惰性的、具有归纳语义的高阶纯函数式语言;又如 ALT 语言,是基于马丁洛夫(Martinlöf)直觉主义类型理论的函数式语言.

程序自动生成、自动验证的最终实现,有赖于形式语义理论的研究.进一步在形式语义研究中发挥逻辑的作用,从而加快程序设计自动化步伐,这是一个值得考虑的方向.至少,这一努力能导致程序设计方法的更新、程序设计规范的制定,进而在程序设计工具、环境的研制中产生良好的影响.

数学对象的计算机搜索[①]

> ——一个简单而基本的事实是:在未来的几十年以至几个世纪内,电子计算机与其说将影响数学的全部,不如说将影响其中被认为是重要的部分.
>
> ——华莱士·吉文斯

一、引 言

在数学研究中,一个重要的方面是存在性问题,即满足某种性质的数学对象是否存在? 若存在,则给出一些具体的例子,最好是全部都找出来,若不存在,则给出证明.

对于这类问题,一个最不具数学味道的想法是,对所有可能满足这种性质的数学对象进行一一检验. 若能找到,则说明存在;若检验完毕,仍没有找到,则"证明"不存在. 不要说这种想法所显示出的明显的"笨拙",就是真的要按照这种想法去做,在数学中也不一定可能. 因为数学中相当大的部分是研究无限多的对象,如此一一检验,何时终了. 就是有限多的对象,其数目之大,恐非能在有限的寿命内完成这一工作. 因此在数学研究中,除非万不得已,数学家对这种"笨拙"的想法从来都是不屑一顾的. 他们用充满智慧的数学技巧,简洁而漂亮地解决了许许多多的存在性问题. 但是,仍有一些顽固的堡垒(如

---

① 本文摘自《自然杂志》第 15 卷(1992 年) 第 3 期,作者张健.

四色定理等),他们绞尽脑汁也不能攻克.

20 世纪中叶出现的电子计算机,给人类社会以巨大的冲击,数学研究领域自不例外.计算机的特点是"死"而快,很适于上述那种"笨拙"的方法.因此,数学家同计算机科学家合作,将数学的技巧同计算机的快速运算结合起来,共同攻克那些堡垒.于是,数学问题的计算机解决方法应运而生.1976 年,美国数学家阿佩尔(K. Appel)、哈肯(W. Haken)同计算机科学家科赫(J. Koch)合作,用电子计算机证明了久攻不下的四色定理.最近,加拿大数学家莱姆(E. W. H. Lam)等人,又用电子计算机解决了组合数学中长期悬而未决的 10 阶射影平面的存在性问题[1].这些,都使得数学问题的计算机解决方法越来越受到人们的重视.

虽然计算机方法要求被检验对象的个数是有限的,而数学中的对象往往是无限多的,但数学家可设法将一些问题由无限化为有限,如四色定理,本来涉及无限多个对象(平面图),但这个定理可化为所谓不可免完备集的存在性问题[2],而不可免完备集的存在性问题又可通过检验其中有限多个(约 2 000 个)构形是否可约而得到解决,因此可用计算机予以解决.

此外,对于一些涉及无限多对象的数学猜想,也可用计算机来探索:或找出一个反例来推翻这个猜想;或从已得的检验结果找出一些规律,得到启发,而得到猜想的最后证明.

本文拟对计算机方法中的一种 —— 数学对象的计算机搜索方法做一介绍.

二、搜索问题

确切地说,搜索问题就是给定一个有限集合 S,以及描述 S 中元素的性质 P,要找出 S 的子集 $T = \{x \in S \mid P(x)$ 成立$\}$($P(x)$ 表示 x 满足性质 P).我们称 S 为搜索空间,T 为目标集合,T 中的每个元素为一目标.性质 P 一般是容易描述的,即给定了一个 x,很容易判定 $P(x)$ 是否成立;但反过来,要找出究竟哪些元素具有性质 P,有时就不那么容易了.根据需要,我们可以只找出一个要求找的数学对象("存在性"),也可以找出所有这样的数学对象("穷举"),或者求出这种数学对象的个数("枚举计数").

举一个简单例子,假如我们想找一些小于 10 000 的素数,满足如下性质:每个数的各位数字从首位到末位是递减序列.那么我们可以将它看成是一个搜索问题.搜索空间可取 $S = \{n \mid n$ 是自然数,且 $1 \leqslant n \leqslant 10\ 000\}$,性质 $P(x)$ 定义为 "x 是素数且其各位数字是递减的".目标集合 $T = \{31, 41, 43, \cdots ?\}$.

要在计算机上进行搜索,首先要使计算机懂得所牵涉到的数学概念.这通常借助于"计算机代数系统"(computer algebra systems). 在这些系统中, 能很方便地让计算机进行许多常见的数学处理, 如微积分、因式分解、矩阵运算等. 由于篇幅的限制, 我们不做这方面的介绍. 一般的计算机语言能表示整数、有理数、矩阵及其上的一些常见运算, 比较适合于处理代数、数论、图论和组合学中的一些问题.

计算机搜索的基本过程是: 按照一定的顺序依次检查搜索空间中的每个元素 x, 若 $P(x)$ 成立, 则将 x 作为一个目标加入集合 T.

三、缩小搜索空间

对于比较有意义的问题, 或者说要想得到有意义的结果, 搜索空间 S 一般很大. 如果对其中每个元素都要检查性质 $P(x)$, 将很费时间. 我们可以对上述搜索的基本过程稍加修改, 以提高效率. 事实上, 假如根据数学知识, 我们事先知道 S 的一些子集 $S_1, S_2, \cdots, S_m$ 中不会有要找的目标(即对于任何 $x \in S_i$, $P(x)$ 不成立, $1 \leqslant i \leqslant m$), 那么, 我们只需检查集合 $S - S_1 \bigcup S_2 \bigcup \cdots \bigcup S_m$ 中的元素, 这显然省事多了. 下面我们举一个例子来说明这一点.

假定我们要在不超过 1 000 的自然数中, 找出这样一些素数对, 每对素数之差为 2, 即孪生素数对, 如 (3,5), (11,13) 等.

我们先将问题直接表示为: 找出自然数对 (p, q), $1 \leqslant p, q \leqslant 1\,000$, 满足性质"$p$ 和 q 都是素数且 $q - p = 2$". 这样, 搜索空间为 $\{1, 2, \cdots, 1\,000\} \times \{1, 2, \cdots, 1\,000\}$.

换一种方式, 也可将问题表示成: 找出自然数 p, $1 \leqslant p \leqslant 1\,000$, 满足性质 "$p$ 和 $p + 2$ 都是素数". 此时, 搜索空间为 $\{1, 2, \cdots, 1\,000\}$, 范围小多了. 再考虑到所有素数要么为 2, 要么为奇数, 而 $2 + 2 = 4$ 不是素数(因而 2 不是目标), 故可进一步将搜索空间缩小为 $\{1, 3, 5, \cdots, 999\}$.

以上各种解决方式中, 都牵涉到素数判定的问题. 所花的时间大致为: "搜索空间中元素的个数" × "判定每个数是否为素数所花的时间". 我们也可以先计算出所有不超过 1 000 的素数(比如用筛法), 这些素数构成了一个更小的搜索空间. 搜索过程是: 对其中每个素数 p, 看看 $p + 2$ 是不是也在素数表中. 这时所花的时间为: "产生素数表的时间" + "素数个数" × "查表时间".

在数学上可行的搜索问题(搜索空间有限, 性质可计算)在计算上不一定可行. 假如, 某个问题要在计算机上算 1 000 年才知道结果, 那就毫无意义了. 因此, 必须尽量缩短搜索所花的时间, 而这不仅要靠计算机程序设计技巧, 更多的是要靠相关的数学知识.

四、回溯法

在很多情况下,我们会遇到多维搜索问题.这里,搜索空间 S 是多维的: $S = D_1 \times D_2 \times \cdots \times D_n$.每个目标由若干分量所组成: $x = (x_1, x_2, \cdots, x_n)$. P 则描述了要搜索的数学对象的各分量之间的关系.

很多数学对象是由简单对象复合而成的.比如,一个 m 阶幻方可看成是 m^2 阶的向量,其每个分量都是自然数,且满足:某些特定的分量之和相等.因此,找一个 m 阶的幻方,可看成是 m^2 维的搜索问题.

对于多维搜索问题,一种常见的解法是"回溯法"(backtracking).其基本思想如下:假如目标 x 有 n 个分量 $(x_1, x_2, \cdots, x_n)$.每个分量可能取值的范围是有限的,不妨假设每个 x_i 只能取 k 个值 $v_{i1}, v_{i2}, \cdots, v_{ik}$ 中的一个,即 $D_i = \{v_{i1}, v_{i2}, \cdots, v_{ik}\}$.采用回溯法时,搜索过程如下:

先取 $x_1 = v_{11}$,再取 $x_2 = v_{21}$.如果 v_{11}, v_{21} 作为 x 的前两个分量不会使 $P(x)$ 不成立(就是说,它们不违背约束条件),则继续"往下试探",取 $x_3 = v_{31}$.这时,假如 v_{31}, v_{21} 不能同时作为所搜索的数学对象的第3个、第2个分量(否则就使 $P(x)$ 不成立),那么修改 x_3,让它等于 v_{32}.若 v_{32} 还不行,则再试 v_{33}……,一直试到 v_{3k}.假如所有的 $v_{3j}(1 \leqslant j \leqslant k)$ 都不适于作为 x_3 的值,则"往上回溯"到前一个分量 x_2,修改它的值,使 $x_2 = v_{22}$.然后,在新的条件 $(x_1 = v_{11}, x_2 = v_{22})$ 下,继续试探 x_3 取哪个值合适……

最后,有两种可能:(1)成功地试探到第 n 个分量的取值 $(x_n = v_{nj})$,使性质 $P(x)$ 成立,即找到了一个所要找的数学对象;(2)回溯到第1个分量,且 x_1 的所有可能取值都已被试过,都不合适,这说明要找的数学对象不存在.

"往下试探"和"往上回溯"是回溯法的两个基本操作.实际上,回溯也是缩小搜索空间的一种手段,假设在确定了前 i 个分量 $(x_1 = v_{1j_1}, x_2 = v_{2j_2}, \cdots, x_i = v_{ij_i})$ 时发生回溯,将 x_i 的值由 v_{ij_i} 变成 $v_{ij_{i+1}}$,这实际上是跳过了子空间 $\{(v_{1j_1}, v_{2j_2}, \cdots, v_{ij_i}, x_{i+1}, \cdots, x_n) \mid x_{i+1} \in D_{i+1}, \cdots, x_n \in D_n\}$.

现在举一例子来说明回溯法的搜索过程.假定我们要找一个三元组 (x_1, x_2, x_3),其每个分量是一个不大于10的素数,且 $x_1 < x_2 < x_3$, $x_2 - x_1 = x_3 - x_2$.我们先取 $x_1 = 2$(最小的素数),再取 $x_2 = 3$(比2大的最小素数,这是根据 $x_2 > x_1$ 的要求而定的),则 $x_3 = 2x_2 - x_1 = 4$ 不是素数.于是修改 x_2,使 $x_2 = 5$(排在3后面的第一个素数),这时 $x_3 = 2x_2 - x_1 = 8$ 也不是素数.再将 x_2 改为 7, $x_3 = 12$ 仍不是素数.这时 x_2 已取遍所有可能的值(即比2大、比10小的素数),因此回溯到第一个分量,修改 x_1 的值,让 $x_1 = 3$,再取 $x_2 = 5$,此时 $x_3 = 7$ 是素数.故 $(3, 5, 7)$ 为要找的数学对象之一.

五、应用举例

我们举一些例子来说明计算机搜索技术在数学解题中的应用.

例 1(《美国数学月刊》1989 年"未解决问题"栏第一题) 找出那些自然数 n,使得 $n-\mathrm{rev}(n)$ 和 $n+\mathrm{rev}(n)$ 都是完全平方数,这里 $\mathrm{rev}(n)$ 指 n 的反序数,即将 n 的十位制记数法各位数字逆向排列所得到的数. 如 $\mathrm{rev}(129)=921$. 已知的满足条件的数有 65 和 621 770

$$65-56=3^2$$
$$65+56=11^2$$
$$621\,770-77\,126=738^2$$
$$621\,770+77\,126=836^2$$

因为判断一个数是否是完全平方数并不是很方便,所以我们换一种方式来考虑上述问题:找自然数对 (a,b),使得数 $(a^2+b^2)/2$ 和 $(a^2-b^2)/2$ 互为反序数. 实际搜索时,不必考虑所有的自然数对,因为我们可推出下面两条性质:

(1)a 与 b 的奇偶性相同,且 $a>b>0$;

(2)b 必须能被 3 整除.

因此,我们只需考虑数对 $(5,3)$,$(7,3)$,$\cdots$,$(8,6)$,$(10,6)$,$\cdots$,要找的目标必在这些数对中.

笔者编了一个程序,在计算机上运行数小时后,得出结论:在不超过 10^{10} 的自然数中,有 5 个数满足原问题的要求,它们是:$n_1=65$,$n_2=621\,770$,$n_3=281\,089\,082(a_3=23\,708,b_3=330)$,$n_4=2\,022\,652\,202(a_4=63\,602,b_4=300)$,$n_5=2\,042\,832\,002(a_5=63\,602,b_5=6\,360)$.

例 2(《美国数学月刊》1989 年第 735 页,问题 E3346) 如果 $Z_n=\{0,1,2,\cdots,n-1\}$ 的子集 T 中任意两个不同元素之和除以 n 后的余数不在 T 中,则称 T 为和自由的(sum-free). 用 $s(n)$ 表示 Z_n 的最大和自由子集的元素个数.

(1) 证明:若 n 为偶数,则 $s(n)=n/2$;

(2) 证明:若 n 为奇数,则 $s(n)\geqslant[n/3]+1$;

(3) 若 n 为奇数,是否有 $s(n)=[n/3]+1$? 其中问题(3)的答案在当时还不知道.

为节省篇幅,我们只考虑 n 为奇数的情形. 为解决上面的问题(2) 和(3),我们不妨对一些较小的奇数 n 找出 Z_n 的一些最大和自由子集,看看有什么规律. 我们将 Z_n 的任意子集 T 表示为一个向量 $(b_0,b_1,b_2,\cdots,b_{n-1})$,其中每个 $b_i=0$ 或 1. 若 $b_i=1$,则表示 $i\in T$;否则 $i\notin T$. 这样就得到一个在多维空间 $\{0,1\}^n$ 中的搜索问题. 该空间中每个元素是一个 n 阶向量,对应了 Z_n 的一个子集. 所要检查的性质是该子集是和自由的.最后,在所有和自由子集中取最大的.采用回溯法,我们对一些较小的 n 值(不超过 25 的奇数),找到了 Z_n 的所有最大的和自由子集.下面是部分结果

$n=3$:$\{1,2\}$

$n=5$:$\{1,2\}$,$\{1,3\}$,$\{1,4\}$,$\{2,3\}$,$\{2,4\}$,$\{3,4\}$

$n=7$:$\{1,2,4\}$,$\{1,2,5\}$,$\{1,3,6\}$,$\{1,4,6\}$

$\quad\{2,3,4\}$,$\{2,5,6\}$,$\{3,4,5\}$,$\{3,5,6\}$

$n=9$:$\{1,3,6,8\}$,$\{2,3,6,7\}$,$\{3,4,5,6\}$

$n=11$:$\{1,2,4,7\}$,$\{2,3,7,8\}$,$\{4,7,9,10\}$,$\{5,6,7,8\}$

从上面可以看出一个规律:对每个 n,Z_n 中都有一个最大和自由子集,其元素是连续的自然数.如 $n=5$ 时,有 $\{2,3\}$ 和 $\{1,2\}$;$n=7$ 时,有 $\{2,3,4\}$ 和 $\{3,4,5\}$.的确,我们可以证明:对每个奇数 n,$\{k\mid[n/3]\leqslant k\leqslant 2[n/3]\}$ 为 Z_n 的一个和自由子集,其元素个数为 $[n/3]+1$,故 $s(n)\geqslant[n/3]+1$,因而问题(2)得证.那么,这个不等式中等号是否总成立?在上面给出的结果($n\leqslant 11$)中,等号确实成立.但若持续增大 n,到 $n=25$ 时,我们发现 Z_{25} 的最大和自由子集是下面两个

$$\{1,4,6,9,11,14,16,19,21,24\}$$
$$\{2,3,7;8,12,13,17,18,22,23\}$$

它们的大小均为 10,而不是 $[25/3]+1=9$.故问题(3)中猜想不成立.当然,从上面这两个子集中可以发现它们也是有规律的,由此可得到一类反例.

例 3(拟群等式的幂等模型的存在性问题) 所谓拟群(quasi-group),是指具有二元运算(乘法)的集合,对集合中每对元素 a,b,方程 $ax=b$ 和 $ya=b$ 都有唯一解 x,y.设 $u(x,y)=v(x,y)$ 是一个关于 x,y 的等式.如果对拟群 Q 中任意元素 x,y 成立 $xx=x$ 且 $u(x,y)=v(x,y)$,则称 Q 是等式 $u(x,y)=v(x,y)$ 的幂等模型.贝内特(F. E. Bennett)[3] 研究了恒等式 $((yx)y)y=x$ 的幂等模型的存在性问题.设 n 是拟群 Q 中元素的个数.对 $n>200$,贝内特确定了幂等模型是否存在.对 200 以内的若干数,如 $n=9,13,15,39$ 等,却不知道幂等模型是否存在.笔者编了一个程序,采用回溯法去搜索上述等式的幂等模型.

一般我们把具有 n 个元素的拟群 Q 表示为自然数集合 $\{1,2,\cdots,n\}$,当然元素之间的乘法不再是普通的乘法,而是这个拟群所规定的乘法.这样,寻找有关幂等模型就是要找一个 $n\times n$ 的方阵 Q,使得对任意的 i,j,有 $Q[i,i]=i$,$Q[Q[Q[j,i],j],j]=i$,这里 $Q[i,j]$ 表示 Q 的第 i 行、第 j 列上的元素,它相当于拟群中 i 与 j 之积,且 Q 的每行、每列是 $\{1,2,\cdots,n\}$ 上的一个排列.

我们在 $n\leqslant 9$ 时得出了结论.在 $n\neq 9$ 时,结论与贝内特的一致.即 $n=5,7,8$ 时,有关的幂等模型存在(并给出了具体的乘法表);而当 $n=2,3,4,6$ 时,有关

的幂等模型不存在.在 $n = 9$ 时,贝内特没有确定幂等模型的存在性;而我们得出结论:当 $n = 9$ 时,有关的幂等模型不存在.

例4(10阶射影平面的存在性) 10阶射影平面可表示为一个 111×111 的矩阵,其每个元素取值为0或1,且满足如下条件:每行有11个1,100个0;每列也有11个1,100个0;任意两行,作为两个向量,其内积为1.

关于10阶射影平面是否存在的问题,是组合学中长期悬而未决的一个著名问题.加拿大的莱姆等人,在前人工作的基础上,花了近十年的时间(从20世纪80年代初到1988年底),用了上千小时的计算机时间,最终得出结论:10阶射影平面不存在[1].他们所用的基本方法就是回溯搜索法.

从上面的例子可以看出,计算机搜索对某些特定类型的问题,确实是一种有效的办法.它既可作为其他方法的补充,也可作为一种独立的方法;既能正面解决问题,又能给出反例;既可找到满足特定性质的数学对象,又可"证明"这种数学对象不存在.不过在一般情况下,它只是提供一些数据,启发人们去思考;它不能代替数学思维.另外,它仅适用于搜索空间有限(不能太大)的情况,而且要求搜索对象能按照一定的顺序选出搜索空间中的所有元素.

要使这种方法行之有效,需要很多数学技巧,因为在比较有意义的问题中,搜索空间通常都是非常大的,必须通过数学技巧将之缩小到计算机搜索可行的程度.此外,研究人员不仅要有很强的数学技能,还要能熟练地使用计算机,并能将有关的数学知识融合到搜索过程中.

如何看待用搜索法得到的结论的可靠性呢? 如果它宣称找到了满足某种性质的数学对象,那我们只要验证一下该对象是否确实具有其所要求的性质;如果它给出的结论是"某某对象不存在",则不一定可靠,因为计算机有可能出错.笔者在解例1中的问题时,阿佩尔等人在"证明"四色定理时,以及莱姆等人在研究10阶射影平面的存在性时,都遇到过与计算机有关的错误.其实这并不值得大惊小怪,数学家们发表的"证明"中有时不也有错吗?

[1] LAM C W H. American Mathematical Monthly. Washington. D.C.: Mathematical Association of America,1991(4):305.

[2] 张忠辅.自然杂志.上海:上海大学出版社,1991(5):379.

[3] BENNETT F E.Canadian Journal of Mathematics. Ottawa:Canada Mathematical Society,1989(2):34.

数论中的计算问题①

$\mathbf{有}$ 人说,数论更像一门实验科学.这大概是因为计算对它来说是十分重要的.

被认为是纯粹数学之王的数论近年来在密码学、通信与信息处理、数值计算及物理、化学等领域得到了广泛地应用.促成数论和应用科学日益紧密结合的一个重要原因是计算机用于数论研究.这使得许多过去无法验证或无法实现的数论问题成为可验证或可实现的,并由此形成了一门新的交叉学科——计算数论.计算已被认为是平行于理论方法与实验方法的一种新的科学研究方法,对于数论研究它同样起到了重要作用.历史上许多大数学家,如高斯和欧拉,为了找到素材而不得不靠自己的双手进行冗长的数值计算,他们正是借助于这些素材才推测出了具有普遍性的定律或者发现了著名的模式.今天我们有了计算机,可以轻而易举地获得比欧拉和高斯多得多的素材.但是,数论中仍然有许多问题,哪怕是想计算它们的一个实例,难度也是大得出奇,以致依赖于现有的算法及计算机仍无法解决.并行计算可以大大提高计算速度,因此研究这些问题的并行算法非常重要.

---

① 本文摘自《自然杂志》第 15 卷(1992 年) 第 4 期,作者曾泳泓、蒋增荣.

一、素性测试

给定自然数 n，判定 n 是素数还是合数，这就是素性测试问题. 它是数论中最基本的问题之一. 自古以来，人们就对它极感兴趣，并且提出了判断 n 的素性的各种充要条件，也提出过构造所有素数的公式. 其中著名的条件有威尔逊定理：n 为素数的充要条件是 $(n-1)!+1$ 可被 n 整除. 著名的公式有：存在 α，使 $p_k=[10^{2k}\alpha]-10^{2k\,1}[10^{2k\,1}\alpha]$ 为自然数列的第 k 个素数 $(k=1,2,\cdots)$. 类似这样的条件或公式还有很多. 看起来它们似乎可作为判断 n 是否为素数的实际准则，但实际上它们在计算上是不可行的. 如威尔逊定理，因为要计算 $(n-1)!+1$，当 n 较大时，其运算量大得出奇，因而实际上做不到. 而若想利用上述素数公式检验 n 的素性（检验 n 是否为某个 p_k），必须确定地给出 α. 可惜 α 本身包含全体素数的信息，因而实际上不可能构造出来，上述公式对计算毫无用处. 那么有必要确定 200 位以上的数的素性吗？ 对密码学与数论本身来说这都是极有必要的. 许多数论问题的解决正是依赖于对大数素性的判定，而 RSA 公开密钥体系正好需要很大的素数（如 100 位以上）. 近 20 年来，人们从算法的角度提出了素性测试的各种方法. 大致上可分为概率算法和确定性算法两大类：前者可以在允许任意小的出错概率的前提下判断自然数 n 的素性（若判定 n 为合数，则 n 一定是合数；若判定 n 为素数，则 n 不是素数的概率可任意小）；而后者的判断总是正确的.

对于概率算法，目前使用最广泛的是基于费马小定理的某种形式的逆定理得到的，费马小定理称：若 n 为素数，则

$$a^{n-1}\equiv 1(\bmod\, n),(a,n)=1 \qquad\qquad (1)$$

但它的逆定理不成立，即存在这样的奇合数 n，使式 (1) 对所有和 n 互素的 a 成立，这种 n 称为卡米契尔 (Carmicheal) 数. 对奇数 n，设 $n-1=2^s t$，t 为奇数，$s\geqslant 1$. 若 n 为素数，可对式 (1) 开方，且若方根为 1 还可继续开方，否则方根便为 -1. 因此，总有下述两个条件之一成立：

(1) $a^t\equiv 1(\bmod\, n)$；

(2) 存在 r，$0\leqslant r<s$，$a^{2^r t}\equiv -1(\bmod\, n)$.

若 n 为奇合数，米勒－雷宾 (Miller-Rabin) 证明了：至多有 $(n-1)/4$ 个 a，$0<a<n$，使 (1) 或 (2) 成立. 这样，随机选取某个 a，$0<a<n$，若使 (1) 或 (2) 成立，则 n 为合数的概率不超过 $1/4$；若独立地随机选取了 k 个 a 都使 (1) 或 (2) 成立，则 n 为合数的概率不超过 $1/4^k$. 当 k 较大时，几乎可肯定 n 为素数了. 而若选取的某个 a 使 (1) 和 (2) 都不满足，那么 n 肯定是合数. 上述方法称为米勒－

雷宾素性测试法,它很适合于并行执行.在有多台处理机的情况下,可让每台处理机独立地选取自己的 a 进行上述测试.这个算法需要做 $O(\log^3 n)$(本文 log 均指自然对数)次比特(bit)运算,运行速度很快.

除了米勒－雷宾方法之外,还有其他的概率素性测试方法,特别是最近有人提出了利用椭圆曲线理论进行素性测试的概率算法,它的进一步发展有可能产生运行速度更快的算法.

对于确定性算法,近年来有了很大进展.1983 年,阿德勒曼(L. M. Adleman)、波梅兰斯(C. Pomerance)及鲁梅利(R. S. Rumely)提出了一个确定性素性测试方法[3],其时间复杂性估计为 $(\log n)^{c\log\log\log n}$ 次比特运算,其中 c 为某个可确定的常数,为已知算法中时间复杂性最低者.这个算法后由科恩(H. Cohen)及伦斯特拉(H. W. Lenstra)作了改进[4].利用该算法已可在短时间内确定一个 200 位以内数的素性.可惜的是,上述算法的时间复杂性仍然不是 $\log n$ 的多项式级.因为当 n 趋向无穷时,$\log\log\log n$ 亦趋向无穷,虽然趋向于无穷的速度很慢.这样,对于更大的数(如 600 位以上的数),要用上述算法确定其素性仍然很费时间.到目前为止,还没有任何确定性算法其时间复杂性为 $\log n$ 的多项式级,也没有人证明这样的算法不存在.有趣的是,如果承认未经证明的广义黎曼(B. Riemann)假设成立,则米勒－雷宾方法可修改为一个确定性算法,且其时间复杂性为 $O(\log^5 n)$ 次比特运算,是一个多项式时间的算法.由于素性测试问题属于计算机科学中的 NP 问题,因此它是否有多项式时间的算法是数学家和计算机科学家所共同关心的问题.

若 n 为某种特殊形式的数,如费马数、梅森(Mersenne)数、$b^m \pm 1$ 型的数等,则有各种特殊的素性测试方法.用这些方法进行计算,目前已知道很多非常巨大的特殊形式的数的素性,如去年知道的第 29 个(按大小)梅森素数为 $2^{110\,503} - 1$,有 30 000 多位.这方面研究可参考 Progress in Mathematics.

二、大整数分解

给定大整数 n,找到 n 的因子分解,此即大整数分解问题.高斯称它为"算术中最重要及最有用的问题",它对数论本身及通信与密码学有深远的影响,如著名的 RSA 公开密钥体系的安全性被认为是基于大整数因子分解的困难性.历史上许多大数学家,如高斯、费马、欧拉、勒让德等都在这个问题上留下了足迹.尤其是近 20 年来,由于受到通信、密码学等应用科学的刺激,这个问题的研究发展得很快,20 世纪 70 年代初,布里尔哈特(J. Brillhart)及莫里森(Morrison)分解了第 7 个费马数 $F_7 = 2^{2^7} + 1$(39 位),当时被认为是了不起的成就.而在 1990 年,美国科学家利用 1 000 台电子计算机并行计算,花费一个多月时间,分解了一个 155 位的大整数. 这在整个科学界引起了轰动, 并被列为 1990 年世界科技十大成果之一, 取得这样大的进展, 主要是算法改进了, 且采取了大规模并行计算.

若 n 不太大, 通过试除很容易得到 n 的因子分解; 若 n 很大 (如 100 位以上), 采用类似于试除的方法显然是不可行的. 目前所提出的算法中有一类是从下面这样一个简单的思路出发得到的.

设 n 为奇数, 至少有两个不同素因子且不为平方数, 若根据某种方式得到了同余式

$$t^2 \equiv s^2 \pmod{n} \tag{2}$$

便有 $(t+s)(t-s) \equiv 0 \pmod{n}$, 而 $(n, t\pm s) \mid n$, 因此, 只要 $t\pm s \not\equiv 0 \pmod{n}$, 便可得到 n 的一个非平凡因子. 容易证明: 若 n 的素因子个数 $r \geqslant 2$, 则每得到一个形如式 (2) 的同余式, $t\pm s \equiv 0 \pmod{n}$ 的可能性至多为 $2/2^r \leqslant 1/2$. 这样, 一旦得到一个形如式 (2) 的同余式, 至少有 50% 的把握可获得 n 的一个非平凡因子.

因此, 问题是如何获得形如式 (2) 的同余式. 通常是通过某种方式 (或随机地) 生成一些 t_i, 求出 t_i^2 对 n 的最小绝对剩余 s_i, 得到一系列同余式 $t_i^2 \equiv s_i \pmod{n}$, $i = 1, 2, \cdots$. 在得到了适当数目的同余式后, 便可找出一个同余式序号集的子集 B, 使所有 s_i (i 属于 B) 相乘为平方数, 令 $s = \sqrt{\prod_{i\in B} s_i}$, $t = \prod_{i\in B} t_i$, 则 $t^2 \equiv s^2 \pmod{n}$.

如何选择 t_i, 以便能以较少的 t_i 就得到形如式 (2) 的同余式且使判断那些 s_i 相乘为平方数的工作量尽可能少, 是一些著名方法的主要区别所在. 布里尔哈特及莫里森提出的连分式法, 是利用 $\sqrt{n}$ 的连分式展开式的 i 阶逼近分式的分子作为 t_i 的选取, 其主要优点是这时 t_i^2 对 n 的最小绝对剩余不超过 $2\sqrt{n}$, 相对 n 而言较小, 因而相应的 s_i 相乘为平方数的概率较大. 用这个方法他们在 20 世纪 70 年代初就成功地分解了 $F_7 = 2^{2^7} + 1$. 在一段时间内此方法为因子分解的最主要方法. 由波梅兰斯于 1981 年提出的二次筛法选取 $t_i = [\sqrt{n}] + x_i$, x_i 在某个预先指定的范围内选取. 它的主要优点是: 判断哪些 s_i 相乘为平方数可采用一种 "筛" 的格式, 因而大大节省了时间. 目前这个方法已得到了改进, 且结合流水线并行计算机得到了并行算法, 已成为目前因子分解采用的最主要方法之一.

还有一些因子分解方法的思想同上面的不一样, 例如 1974 年波拉德 (J. Pollard) 提出的 $(p-1)$-方法. 特别是在 1986 年, 伦斯特拉天才地利用有限域上的椭圆曲线理论构造出了一种因子分解的方法, 其崭新的思想及较好的时间复杂性估计令世人刮目相看. 椭圆曲线理论是当代数学中最活跃的分支之一, 把它用到因子分解中去, 无疑是给因子分解的研究打开了一扇新的大门.

到目前为止,因子分解已经有了很多种方法,在一定的假设条件下,其中有 6 种文法的时间复杂性估计为 $L(n) = \mathrm{e}^{[(1+O(1))\sqrt{\log n \log \log n}]}$.这 6 种文法是:伦斯特拉的椭圆曲线法、施努尔(Schnorr)—伦斯特拉的类群算法、施罗佩尔(Schroeppel)的线性筛算法、波梅兰斯的二次筛法、科珀史密斯(D. Coppersmith)等人的剩余列表筛法和布里尔哈特—莫里森的连分式法.其中椭圆曲线法是指最坏情况下的时间复杂性,其他 5 个指期望时间复杂性.6 种算法得到相同的时间复杂性估计,是否预示这个估计就是因子分解的时间复杂性下界?关于这一点,目前尚无任何有意义的结果.若 $L(n)$ 果然为因子分解的时间复杂性下界,则计算机科学中最著名的难题 NP $\neq$ P 就得到了证明.

除了对算法的理论研究之外,世界上许多国家在实际分解大整数方面做了不少工作,如著名的美国桑迪亚(Sandia)国家实验室十几年来有专门小组从事因子分解的研究工作.他们最初使用连分式法,后以二次筛法为主,以克雷(Cray)系列机为主要计算设备,采用流水线并行处理,已分解了许多 50 位以上的大整数,其中很多被认为是最需要分解的数,前面已提到.前年,美国则利用 1 000 台电子计算机,花费一个多月的时间分解了一个 155 位的大整数.我国一些单位在这方面也做了一些工作,如安徽师范大学的张振祥在微机上实现了二次筛法,把一个 40 位的数分解为 2 个较小整数之积约需 15 小时.最近,我们得知上述例子中的所用时间已可大大减少.

前面讲的是对一般整数的分解,若整数具有某种特殊形式,如费马数、梅森数、$b^m \pm 1$ 型的数等.由于其因子往往有某种特殊形式,因子分解相对要容易得多.这方面已有很多研究.早在 1925 年坎宁安(J. C. Cunningham)及伍德尔(H. J. Woodall)就发表了 $b^m \pm 1 (b = 2, 3, 5, 6, 7, 10, 11, 12)$ 型数的因子分解的表,这个表曾经为数论研究提供了极大的方便.1983 年,美国数学学会出版的《当代数学(Contemporary Mathematics)丛书》的第 22 卷给出了坎宁安—伍德尔表的一个极大的扩充,其中包含了数十年来人们在分解上述类型的数方面所取得的成果.目前,这个表还在不断地充实和扩充.

三、同余方程的求解

设 $f(x)$ 为一个系数为整数的多项式,n 为自然数,方程

$$f(x) \equiv 0 (\mathrm{mod}\ n) \tag{3}$$

称为多项式同余方程.

若 n 不大,求解上式并不困难,只需将 $x = 0, 1, \cdots, n-1$ 代入验证即可;若 n 很大(如 50 位以上),求解便是一件极困难的事.数论中有许多问题可转化为判断一个形如式(3)的同余方程是否有解或如何求解的问题.在复数域上,低于 5

次的代数方程都有求解公式,对于更高次的,虽没有求解公式,但已经有很多近似算法,如牛顿法,它们可以有效地求出解的一个近似值,而且可近似到任意的程度.但是,对于同余方程,即使是 4 次以下的,求解也没有可行的计算公式,更不用说 5 次以上的,而且也没有近似方法.即使对最简单的二次同余方程

$$x^2 \equiv a(\mathrm{mod}\ n) \tag{4}$$

目前也尚无可行的求解方法.若已知 n 的分解式(这本身是一件很困难的事,如前所述),则根据孙子定理,可把同余方程(4)最终转化为

$$x^2 \equiv a(\mathrm{mod}\ p) \tag{5}$$

其中 p 为 n 的素因子.

若 a 是 p 的二次非剩余,则方程(5)无解,否则,恰有二解.因此,首先要判断 a 是否为 p 的二次非剩余.利用高斯互反律或别的办法,很容易得到一个判断 a 是否为二次剩余的时间复杂性为 $O(\log^3 p)$ 的算法.若已确定 a 是 p 的二次剩余,对某些特殊形式的 p,可较容易地构造出解来,但对一般的 p,求出解仍很困难.目前尚无多项式时间的确定性算法.

有一个算法,它的运行非常快,不过它必须预先知道 p 的一个二次非剩余,这个算法的时间复杂性为 $O(\log^4 p)$.那么能否在多项式时间内得到 p 的一个二次非剩余呢? 应该说目前还没有这样的确定性算法.但有一个简单方法,只要我们运气好,很快就可以得到 p 的一个二次非剩余.这个方法是:随机地选取一个 m,$0 < m < p$,判断 m 是否为二次非剩余;若不是,再另选一个 m.如此下去,直至找到 m 为二次非剩余为止.由于在 1 到 $p-1$ 之间,p 的二次剩余和二次非剩余各占一半.所以,随机选取的 m 为二次非剩余的可能性为 1/2.因此,只要运气好,用不了几次应该可得到一个二次非剩余.但是,若运气不好,也可能做了很多次(超过 $\log p$ 的多项式次)仍得不到二次非剩余.前面说过,这样的算法叫作概率算法.因此,求解方程(5)已有时间复杂性为 $\log p$ 的多项式级的概率算法.对于其他类型的同余方程,就连这样的多项式时间的概率算法目前还没有找到.目前对这个问题的研究很少,有待于进一步深入研究.

四、数论猜想的计算验证

一方面,数论中有许多猜想,人们试图寻找反例来推翻它.但是因为反例太大,以致没有好的算法和计算机来实现.另一方面,大量的数值试验,可有助于发现一般规律从而找到证明的方法,但若没有好的算法,数值试验可能非常费时,从而不可能被普遍使用.因此,研究好的算法非常重要.

1. 华林(Warning)猜想

著名数学家华林早在 1770 年就指出:每个整数可表为 4 个平方数之和、9

个立方数之和、19 个 4 次方数之和等. 此后,很多数学家研究了这个问题. 拉格朗日证明了 4 个平方数和的情形,威弗里奇(Wieferich)证明了 9 个立方数之和的情形,陈景润证明了 37 个 5 次方之和的情形,华罗庚也在这方面做了不少工作.

设每个正整数都可表为 n 个 k 阶幂之和,令 $g(k)$ 表示 n 中最小者. 1772 年,欧拉得到了 $g(k)$ 的一个下界. 令 $3^k = q \cdot 2^k + r, 0 \leqslant r < 2^k$,则

$$g(k) \geqslant q + 2^k - 2 \tag{6}$$

1935 年,迪克森(Dickson)和皮洛衣(Pilloi)互相独立地证明了:若 $g^*(k) = q + 2^k - 2, k \geqslant 7$,则 $g(k) = g^*(k)$,只要

$$q + r \leqslant 2^k \quad (q, r \text{ 的定义同上}) \tag{7}$$

华林猜想一般地可陈述为:$g(k) = g^*(k)$. 所以只要验证式(7)成立,则华林猜想成立. 1964 年,斯泰姆勒(R. M. Stemmler)用 IBM-7090 计算机验证不等式(7)在 $401 \leqslant k \leqslant 200\,000$ 内成立. 1988 年,旺德里奇(M. C. Wunderlich)在美国马里兰州的超级计算研究中心的 Connection 并行机上计算了 240 个小时,验证了不等式(7)对 $7 \leqslant k \leqslant 175\,600\,000$ 成立.

最近,库比内(J. M. Kubina)等人把上述结果扩充到了 $k \leqslant 471\,600\,000$.

2. 费马大定理

费马曾声称自己证明了一个惊人的定理:$x^n + y^n = z^n$ 当 $n \geqslant 3$ 时无非平凡整数解. 可惜人们并没有找到费马的证明方法,经过数代世界数学界精英人物的努力,这个问题虽取得了很大的进展,但仍未彻底解决. 欧拉和莱布尼兹已经分别证明了 $n=3,4$ 的情形. 因此,只要对 $n=p, p>3$ 为素数的情形进行证明即可. 另外,不妨设 x, y, z 两两互素,于是费马大定理可叙述为:$x^p + y^p = z^p$ 对大于 3 的素数 p 没有使 x, y, z 两两互素的整数解. 从传统上来说,费马大定理可分为两种情形:

(1)p 不整除 xyz;

(2)p 整除 xyz.

第一种情形的费马大定理记为 $(FLT\,Ⅰ)_p$,第二种情形记为 $(FLT\,Ⅱ)_p$.

1988 年,格兰维尔(A. Granville)等证明了:若 $(FLT\,Ⅰ)_p$ 不成立,则 $p^2 \mid (q^p - q)$,这里 q 为不超过 89 的所有素数. 因此,如果 $(FLT\,Ⅰ)_p$ 不成立,则同余式 $q^p \equiv q \pmod{p^2}$ 对所有不含超过 89 的素因子的正整数 q 成立. 然而易证明方程 $q^p \equiv q \pmod{p^2}$ 至多只有 $(p-1)/2$ 个小于 $p^2/2$ 的正整数解. 所以,除非 p 很大,$(FLT\,Ⅰ)_p$ 肯定成立. 根据上述结果,格兰维尔通过计算于 1988 年证明了:对一切素数 $p < 714\,591\,416\,091\,389$,$(FLT\,Ⅰ)_p$ 成立.

1989 年,坦纳(J. W. Tanner)等人利用类似的方法计算出了:对一切素数

$p < 156\ 442\ 236\ 847\ 241\ 729$，$(\text{FLT}\ \text{I})_p$ 成立. 因此，$(\text{FLT}\ \text{I})_p$ 的可能的反例是如此之大，即使有的话，要找到它也是难以想象的困难，除非算法有极大的改进.

3. 费马数

费马曾声称，所有形如 $F_n = 2^{2^n} + 1$ 的数为素数. 可惜这个断言很快被推翻. 除了已知 $n = 0 \sim 4$ 时 F_n 为素数之外，目前还不知道任何其他费马数为素数，也不知道费马素数是否有无限多个，找到下一个费马素数是一个惊人的结果. 经过多年来的研究和计算，目前已经知道当 n 为 $5,6,7,8,9,\cdots,19,21,23,\cdots$ 一共 84 个费马数为合数. 还不知道其为素数还是合数的最小费马数为 F_{20}. 利用新的算法及大规模并行计算，也许能幸运地发现 F_{20} 的素性.

4. 孪生素数问题

若 p 和 $p+2$ 都是素数，则称 p 和 $p+2$ 为孪生素数. 目前尚不知道孪生素数是否有无穷多. 通过大量的数值试验，人们发现不超过 x 的孪生素数所占的比例约为 $c/(\log x)^2$，c 为某个常数，若这对所有的 x 都成立，则孪生素数当然有无穷多，可惜这个推测目前尚未得到证明. 利用快速的素性测试法和并行处理，帕拉迪 (B. K. Parady) 等人于 1990 年找到了目前所知的最大的孪生素数 $663\ 777 \cdot 2^{7\ 650} \pm 1$，$571\ 305 \cdot 2^{7\ 701} \pm 1$；$1\ 706\ 595 \cdot 2^{11\ 235} \pm 1$.

5. 奇完全数猜想

设 $\sigma(n)$ 表示自然数 n 的所有正因子的和，若 $\sigma(n) = 2n$，则称 n 为完全数.

人们已经证明，偶数 n 为完全数的充要条件是 n 为 $2^{p-1}(2^p - 1)$，且 $2^p - 1$ 为梅森素数. 因此知道几个梅森素数，也就知道几个偶完全数. 但奇完全数至今还一个没找到，因而人们猜想不存在奇完全数. 经过长时间的研究，人们虽已掌握了完全数的许多性质以及它和数论中别的问题的联系，但离证明上述猜想仍然相距很远.

依赖于并行计算，布伦特 (R. P. Brent) 等人于 1989 年证明了：没有小于 10^{160} 的奇完全数. 因此，即使有奇完全数，也是大得出奇，没有极快的因子分解法不可能找到它.

6. 卡米契尔数

人们已经证明卡米契尔数不能含有平方因子，且它至少含有 3 个不同因子，即它必须是 3 个以上的不同素数之积. n 是卡米契尔数的充要条件为 $(p-1) \mid (n-1)$ 对 n 的任何素因子 p 成立. 后来，切尔尼克 (Chernick) 证明了:若 $6m+1,12m+1$ 及 $18m+1$ 同时为素数,则 $n=(6m+1)(18m+1)(12m+1)$ 为卡米契尔数. 然而,人们迄今不知道是否有无穷多个卡米契尔数.

杰施基(G. Jaeschke)于 1990 年利用其巧妙的算法,在 IBM3083 上计算了几百个小时,得到了 10^{12} 以内的所有卡米契尔数,这对于研究卡米契尔数的分布规律很有参考价值. 目前所知的最大的卡米契尔数有 1 265 位,是根据切尔尼克的结果经过计算得到的.

理解计算[①]

随着计算机日益广泛而深刻的运用,计算这个原本专门的数学概念已经泛化到了人类的整个知识领域,并上升为一种极为普适的科学概念和哲学概念,成为人们认识事物、研究问题的一种新视角、新观念和新方法.

一、什么是计算与计算的类型

在大众的意识里,计算首先指的就是数的加减乘除,其次则为方程的求解、函数的微分积分等;懂的多一点的人知道,计算在本质上还包括定理的证明推导.可以说,"计算"是一个无人不知无人不晓的数学概念,但是,真正能够回答计算的本质是什么的人恐怕不多.事实上,直到 20 世纪 30 年代,由于哥德尔、丘奇、图灵等数学家的工作,人们才弄清楚什么是计算的本质,以及什么是可计算的、什么是不可计算的等根本性问题.

抽象地说,所谓计算,就是从一个符号串 f 变换成另一个符号串 g. 比如说,从符号串 $12+3$ 变换成 15 就是一个加法计算. 如果符号串 f 是 x^2,而符号串 g 是 $2x$,从 f 到 g 的计算就是微分. 定理证明也是如此,令 f 表示一组公理和推导规则,令 g 是一个定理,那么从 f 到 g 的一系列变换就是对定理 g 的证明. 从这个角

① 本文摘自《科学》第 55 卷(2003 年)第 4 期,作者郝宁湘.

度看,文字翻译也是计算,如 f 代表一个英文句子,而 g 为含意相同的中文句子,那么从 f 到 g 就是把英文翻译成中文.这些变换间有什么共同点? 为什么把它们都叫作计算? 因为它们都是从已知符号(串)开始,一步一步地改变符号(串),经过有限的步骤,最后得到一个满足预先规定的符号(串)的变换过程.

从类型上讲,计算主要有两大类:数值计算和符号推导.数值计算包括实数和函数的加减乘除、幂运算、开方运算、方程的求解等.符号推导包括代数与各种函数的恒等式、不等式的证明、几何命题的证明等.但无论是数值计算还是符号推导,它们在本质上是等价的、一致的,即二者是密切关联的,可以相互转化,具有共同的计算本质.随着数学的不断发展,还可能出现新的计算类型.

二、计算的实质与丘奇—图灵论点

为了回答究竟什么是计算、什么是可计算性等问题,人们采取的是建立计算模型的方法.从 20 世纪 30 年代到 40 年代,数理逻辑学家相继提出了四种模型,它们是一般递归函数、λ 可计算函数、图灵机和波斯特(E. L. Post,1897—1954)系统.这四种模型完全从不同的角度探究计算过程或证明过程,表面上看区别很大,但事实上却是等价的,即它们完全具有一样的计算能力.在这一事实基础上,最终形成了如今著名的丘奇—图灵论点:凡是可计算的函数都是一般递归函数(或是图灵机可计算函数等).这就确立了计算与可计算性的数学含义.下面主要对一般递归函数作一简要介绍.

哥德尔首先在 1931 年提出了原始递归函数的概念.所谓原始递归函数,就是由初始函数出发,经过有限次的使用代入与原始递归式而构造出的函数.这里所说的初始函数是指下列三种函数:

(1) 零函数 $0(x) = 0$(函数值恒为零);

(2) 射影函数 $U_i^n(x_1, x_2, \cdots, x_n) = x_i (1 \leqslant i \leqslant n)$(函数的值与第 i 个自变元的值相同);

(3) 后继函数 $S(x) = x + 1$(其值为 x 的直接后继数).

代入与原始递归式是构造新函数的算子.

代入(又名叠置、迭置),它是最简单又最重要的算子,其一般形式是:由一个 m 元函数 f 与 m 个 n 元函数 $g_1, g_2, \cdots, g_m$ 构造成新函数 $f(g_1(x_1, x_2, \cdots, x_n), g_2(x_1, x_2, \cdots, x_n), \cdots, g_m(x_1, x_2, \cdots, x_n))$.

原始递归式,其一般形式为

$$\begin{cases} f(u_1, u_2, \cdots, u_n, 0) = g(u_1, u_2, \cdots, u_n) \\ f(u_1, u_2, \cdots, u_n, S(x)) = h(u_1, u_2, \cdots, u_n, x, f(u_1, u_2, \cdots, u_n, x)) \end{cases}$$

特殊形式为

$$\begin{cases} f(u,0) = g(u) \\ f(u,S(x)) = h(u,x,f(u,x)) \end{cases}$$

其特点是,不能由 g,h 两已知函数直接计算新函数的一般值 $f(u,x)$,而只能依次计算 $f(u,0)$,$f(u,1)$,$f(u,2)$,…;但只要依次计算,必能把任何一个 $f(u,x)$ 值都算出来.换句话说,只要 g,h 有定义且可计算,则新函数 f 也有定义且可计算.

　　如此构造出的原始递归函数无疑全部是有定义且可计算的.但是,是否一切可计算的函数都是原始递归函数? 这个问题很快便由阿克曼(W. Ackermann, 1896—1962)给予了否定的回答.阿克曼具体地给出了一个函数,它被证明是可计算的,但又不是原始递归函数.于是,寻找更为广泛的可计算函数类便提到了当时数学家们的日程上来.

　　根据埃尔布朗(J. Herbrand,1908—1931)一封信中的暗示,哥德尔于 1934 年引进了一般递归函数的概念.后经克林的改进与阐明,便出现了现在普遍采用的定义.所谓一般递归函数,就是由初始函数出发,经过有限次使用代入、原始递归式和 μ 算子而构造成的有定义的函数.这里的 μ 算子就是构造逆函数的算子或求根算子.

　　图灵机　是图灵提出的一种抽象计算模型,理论上可以计算任何可计算函数.其控制器具有有限个状态.其中有两类特殊状态:开始状态和结束状态.图灵机的带子分格,右端可无限延伸,每个格子上可写一符号,总共有有限种不同的符号.图灵机工作时,读写头沿带子左右移动,既可扫描也可写下符号.设带子上的输入符号串为自然数 n 的编码,如机器从此出发,到达结束状态时,带子上的符号串已改造为自然数 m 的编码,则称机器计算了函数 $f(n) = m$.(图 1)

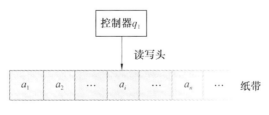

图 1

　　如此定义的一般递归函数比原始递归函数更广,这是没有任何疑问的.但是,人们还是可以问:这样定义的函数是否已经包括了所有直观上的可计算函数? 如果还有更广的可计算函数,又该怎样定义? 在受到这类问题困惑的同时,丘奇、克林又提出了一类可计算函数,叫作 λ 可计算函数.但事隔不久,丘奇和克林便分别证明了 λ 可计算函数正好就是一般递归函数,即这两类可计算函数是等价的、一致的. 在这一有力证据的基础上,丘奇于 1936 年公开发表了他早在两年前就孕育过的一个论点,即著名的丘奇论点:每个能行地可计算的函数都是一般递归函数.

与此同时,图灵定义了另一类可计算函数,叫作图灵机可计算性函数,并且提出了著名的图灵论点:能行可计算函数都是用图灵机可计算的函数.图灵机是图灵提出的一种计算模型,或一台理论计算机.它可以说是对人类计算与机器计算的最一般、最高水平的抽象概念.一年后,图灵进一步证明了图灵机可计算函数与 λ 可定义函数是一致的,当然也就和一般递归函数一致、等价.于是,表面上不同的三类可计算函数在本质上就是一类函数.这样一来,丘奇论点和图灵论点也就是一回事了,现将它们合称为丘奇－图灵论点,即直观的能行可计算函数等同于一般递归函数、可 λ 定义函数和图灵机可计算函数.

丘奇－图灵论点的提出,标志着人类对可计算函数与计算本质的认识达到了空前的高度,它是数学史上一块夺目的里程碑.

一般递归函数比较抽象,为此我们给出一种较为直观的解释.大家知道,凡能够计算的,即使是"心算",总可以把其计算过程记录下来,而且是逐个步骤逐个步骤地记录下来.所谓计算过程,是指从初始符号或已知符号开始,一步一步地改变(变换)符号,最后得到一个满足预先规定的条件的符号,并从该符号按照一定方法得到所求结果,即所求函数的值的全过程.可如此计算的函数,一般称为可以在有限步骤内计算的函数.现已证明:凡是可以从某些初始符号开始,而在有限步骤内计算的函数都是递归函数.由此可以看到,"能够记录下来"便符合了可计算性或递归性的本质要求.一般递归函数的实质也由此显得十分直观易懂.

丘奇－图灵论点的提出与确认,在数学和计算机科学上具有重大的理论和现实意义.正如我国数理逻辑专家莫绍揆教授所言,有了这个论点以后,就可以断定某些问题是不能能行地解决或不能能行地判定的. 对于计算机科学,丘奇－图灵论点的意义在于它明确刻画了计算机的本质或计算机的计算能力,确定了计算机只能计算一般递归函数,对于一般递归函数之外的函数,计算机是无法计算的.

三、DNA 计算:新型计算方式的出现

1994 年 11 月,美国计算机科学家阿德勒曼在美国《科学》杂志上公布了 DNA 计算机的理论,并成功运用 DNA 计算机解决了一个有向哈密顿(Hamilton)路径问题.DNA 计算机的提出,产生于这样一个发现,即生物与数学的相似性:(1)生物体异常复杂的结构是对由 DNA 序列表示的初始信息执

行简单操作(复制、剪接)的结果;(2)可计算函数 $f(w)$ 的结果可以通过在 w 上执行一系列基本的简单函数而获得.

阿德勒曼不仅意识到这两个过程的相似性,而且意识到可以利用生物过程来模拟数学过程.更确切地说是,DNA 串可用于表示信息,酶可用于模拟简单的计算.这是因为:首先,DNA 是由称作核苷酸的一些单元组成的,这些核苷酸随着附在其上的化学组或基的不同而不同,在此基础上共有四种基:腺嘌呤、乌嘌呤、胞嘧啶和胸腺嘧啶,分别用 A,G,C,T 表示.单链 DNA 可以看作是由符号 A,G,C,T 组成的字符串.从数学上讲,这意味着可以用一个含有四个字符的字符集 $\sum$ =A,G,C,T 来为信息编码(电子计算机仅使用 0 和 1 这两个数字).其次,DNA 序列上的一些简单操作需要酶的协助,不同的酶发挥不同的作用.起作用的有四种酶:限制性内切酶,主要功能是切开包含限制性位点的双链 DNA;DNA 连接酶,它主要是把一个 DNA 链的端点同另一个链连接在一起;DNA 聚合酶,它的功能包括 DNA 的复制与促进 DNA 的合成;外切酶,它可以有选择地破坏双链或单链 DNA 分子.正是基于这四种酶的协作才实现了 DNA 计算.

不过,目前 DNA 计算机能够处理的问题,还仅仅是利用分子技术解决的几个特定问题,属于一次性实验.DNA 计算机还没有一个固定的程式.由于问题的多样性,导致其所采用的分子生物学技术的多样性,具体问题需要设计具体的实验方案.这便引出了两个根本性问题(也是阿德勒曼最早意识到的):(1)DNA 计算机可以解决哪些问题?确切地说,DNA 计算机是完备的吗?即通过操纵 DNA 能完成所有的(图灵机)可计算函数吗?(2)是否可设计出可编程序的 DNA 计算机?即是否存在类似于电子计算机的通用计算模型 —— 图灵机 —— 那样的通用 DNA 系统(模型)?目前,人们正处在对这两个根本性问题的研究过程之中.在笔者看来,这就类似于在电子计算机诞生之前的 20 世纪 30 年代至 40 年代理论计算机的研究阶段.如今,人们已经提出了多种 DNA 计算模型,且各有千秋,公认的 DNA 计算机的"图灵机"还没有诞生.相对而言,一种被称为"剪接系统"的 DNA 计算机模型较为成功.

有了"剪接系统"这个 DNA 计算机的数学模型后,便可以来回答前面提出的 DNA 计算的完备性与通用性问题.前面讲过,丘奇 - 图灵论点深刻地刻画了任何实际计算机的计算能力 —— 任何可计算函数都是可由图灵机计算的函数(一般递归函数).现已证明:剪接系统是计算完备的,即任何可计算函数都可用剪接系统来计算.反之亦然.这就回答了 DNA 计算机可以解决哪些问题 —— 全部图灵机可计算问题.至于是否存在基于剪接的可编程计算机,也有了肯定的答案:对每个给定的字符集 T,都存在一个剪接系统,其公理集和规则集都是有限的,而且对于以 T 为终结字符集的一类系统是通用的.这就是说,理论上存在一个基于剪接操作的通用可编程的 DNA 计算机. 这些计算机使用的生物操作只有合成、剪接(切割－连接)和抽取.

DNA 计算机理论的出现意味着计算方式的重大变革. 当然,引起计算方式重大变革的远不止 DNA 计算机,光学计算机、量子计算机、蛋白质计算机等新型计算机模型层出不穷,它们使原有的计算方式发生了前所未有的变化.

四、计算方式及其演变

简单地讲,所谓计算方式就是符号变换的操作方式,尤其指最基本的动作方式. 广义地讲,还应包括符号的载体或符号的外在表现形式,亦即信息的表征或表达. 比如,中国古代的筹算,就是用一组竹棍表征的计算方式,后来的珠算则是用算盘或算珠表征的计算方式,再后来的笔算又是一种用文字符号表征的计算方式,这一系列计算方式的变化,表现出计算方式的多样性与不断进化的趋势. 相对于后来出现的机器计算方式,上述各种计算方式均可归结为"手工计算方式",其特点是用手工操作符号,实施符号的变换.

不过,真正具有革命性的计算方式,还是随着电子计算机的产生才出现的. 机器计算的历史可以追溯到 1641 年,当年 18 岁的法国数学家帕斯卡从机械时钟得到启示:齿轮也能计数,于是成功地制作了一台齿轮传动的八位加法计算机. 这使人类计算方式、计算技术进入了一个新的阶段. 后来经过人们数百年的艰辛努力,终于在 1945 年成功研制出了世界上第一台电子计算机. 从此,人类进入了一个全新的计算技术时代.

从最早的帕斯卡齿轮机到今天最先进的电子计算机,计算机已经历了四大发展时期. 计算技术有了长足的发展. 这时计算表现为一种物理性质的机械的操作过程. 符号不再是用竹棍、算珠、字母表征,而是用齿轮表征,用电流表征,用电压表征,等等. 但是,无论是手工计算还是机器计算,其计算方式 —— 操作的基本动作都是一种物理性质的符号变换(具体是由"加""减"这种基本动作构成). 二者的区别在于:前者是手工的,运算速度比较慢;后者则是自动的,运算速度极快.

如今出现的 DNA 计算无疑有着更大的本质性变化,计算不再是一种物理性质的符号变换,而是一种化学性质的符号变换,即不再是物理性质的"加""减"操作,而是化学性质的切割和粘贴、插入和删除. 这种计算方式将彻底改变计算机硬件的性质,改变计算机基本的运作方式,其意义将是极为深远的. 阿德勒曼在提出 DNA 计算机的时候就相信,DNA 计算机所蕴含的理念可使计算的方式产生进化.

量子计算机在理论上的出现,使计算方式的进化又有了新的可能. 电子计算机的理论模型是经典的通用图灵机——一种确定型图灵机,量子计算机的理论模型——量子图灵机则是一种概率型图灵机.直观一些说,传统电脑是通过硅芯片上微型晶体管电位的"开"和"关"状态来表达二进位制的 0 和 1,从而进行信息数据的处理和储存.每个电位只能处理一个数据,非 0 即 1,许多个电位依次串联起来,才能共同完成一次复杂的运算.这种线性计算方式遵循普通的物理学原则,具有明显的局限性.而量子计算机的运算方式则建立在原子运动的层面上,突破了分子物理的界限.根据量子论原理,原子具有在同一时刻处于两个不同位置、又同时向上、下两个相反方向旋转的特性,称为"量子超态".而一旦有外力干扰,模糊运动的原子又可以马上归于准确的定位.这种似是而非的混沌状态与人们熟知的常规世界相矛盾,但如果利用其表达信息,却能发挥出其瞬息之间千变万化而又万变不离其宗的神奇功效.因为当许多个量子状态的原子纠缠在一起时,它们又因量子位的"叠加性",可以同时一起展开"并行计算",从而使其具备超高速的运算能力.电子线性计算方式如同万只蜗牛排队过独木桥,而量子并行运算好比万只飞鸟同时升上天空.

五、计算方式演变的意义

计算方式的不断进化有着十分重要的理论意义和现实意义,笔者认为至少表明以下两方面.

其一,计算方式是一种历史的结果,而非计算本性的逻辑必然.加拿大的卡里(L. Kari)指出:"DNA 计算是考察计算问题的一种全新方式.或许这正是大自然做数学的方法:不是用加和减,而是用切割和粘贴,用插入和删除.正如用十进制计数是因为我们有十个手指那样,或许我们目前计算中的基本功能仅因为人类历史使然.正如人们已经采用其他进制计数一样,或许现在是考虑其他的计算方式的时候了."笔者以为,这一说法是很有启示性的.确实,仔细回顾一下人类计算方式或计算技术的历史,就不难体会到计算方式是一种历史的结果,而非计算本性的逻辑必然.

也就是说,计算之所以为计算,在于它具有一种根本的递归性,或在于它是一种可一步一步进行的符号串变换操作.至于这种符号变换的操作方式如何,以及符号的载体或其外在表现形式如何,都不是本质性的东西,它们无不是一种历史的结果,无不处于一种不断变革或进化的过程之中.不同表征下的符号变换有着不同的操作方式,甚至同一种表征下的符号变换都可以有不同的操作方式:既可以是物理性的方式,也可以是化学性的方式;既可以是经典的方式,也可以是量子的方式;既可以是确定性的方式,也可以是概率性的方式.在此,计算本质的统一性与计算方式的多样性得到了深刻的体现.笔者相信,DNA 计算机、量子计算机等的出现已经打开了人们畅想未来计算方式的思维视窗,随着科学技术的不断发展,计算方式的多样性还会有新的表现.

其二,计算方式的历史性、多样性反观了计算本性的逻辑必然性、统一性.由丘奇－图灵论点所揭示的计算本质是非常普适的,它不仅包括数值计算、定理推导等不同形式的计算,而且包括大脑、电子计算机等不同"计算器"的计算.大家不要忘了,以丘奇－图灵论点为基石的可计算性理论是在电子计算机诞生之前的 20 世纪 30 年代提出的,即它并非在对电子计算机进行总结与抽象的基础上提出,但又深刻地刻画了电子计算机的计算本质.如今最先进的电子计算机在本质上就是一台图灵机,或者凡是计算机可计算的函数都是一般递归函数.现在人们又进一步认识到,目前尚在实验室阶段的 DNA 计算机、量子计算机,在本质上也是一种图灵计算.这说明不同形式的计算、不同"计算器"的计算,在计算本质上是一致的,这就是递归计算或图灵计算.

量子计算动摇了丘奇－图灵论点吗

—— 兼纪念图灵逝世 50 周年[①]

2O 世纪 30 年代初提出的丘奇－图灵论点,是判定什么是计算、什么问题是可计算的、什么问题是不可计算的这一切问题的最根本原则或标准.电子计算机诞生后,丘奇－图灵论点还成了刻画电子计算机计算能力的最基本的理论依据.70 年过去了,尽管新型的计算范例不断涌现,如神经网络计算、遗传计算、进化计算、DNA 计算等,但它们除了在计算复杂性方面(计算效率)较优,并没有从根本上动摇丘奇－图灵论点.

20 世纪 90 年代以来,一种全新的更具挑战性的计算范例——量子计算机出现了.它是不是超越了丘奇－图灵论点的界限呢? 是不是可以计算丘奇－图灵论点认为不可能计算的问题呢? 对此人们产生了不同的看法,一种看法认为量子计算并没有超越丘奇－图灵论点的界限,只不过量子计算有着电子计算机不可比拟的计算效率;另一种看法认为量子计算超越了丘奇－图灵论点的界限,量子计算机能够计算电子计算机或图灵机所不能计算的一些问题.

笔者认为,理解量子计算机的本质需要一个过程,因为这里面有些关键的问题不是靠哲学思辨能够解决的,而需要严格

---

① 本文摘自《科学》第 56 卷(2004 年)第 6 期,作者郝宁湘、郭贵春.

的数理逻辑证明. 另外,在理解量子计算机本质的过程中,必然涉及量子力学本身以及它与经典力学关系的一些问题,而对这些问题的认识,至今都有众多分歧,这无疑增加了理解上的困难.

一、计算的实质

为了回答本文的基本问题,首先要对计算的本质有个明确界定,以及对近些年不断涌现的新的计算范例在计算理论上的意义有个正确的评价.

丘奇－图灵论点,即凡是可计算的函数都是一般递归函数(或是图灵机可计算函数等),这一论点标志着人类对可计算函数与计算本质的认识达到了空前的高度,它的提出确立了计算与可计算性的数学含义,是数学史上一块夺目的里程碑. 正如莫绍揆教授所言,有了这个论点后,就可以断定某些问题是不能能行地解决或不能能行地判定的. 对于计算机科学,丘奇－图灵论点的意义在于它明确刻画了计算机的本质或计算能力,确定了计算机只能计算一般递归函数,对于一般递归函数之外的函数,计算机是无法计算的. 许多新型计算,除了计算效率较优外,并没有从根本上动摇丘奇－图灵论点.

那么应该怎样理解或评价这些不断涌现的新的计算范例在计算理论上的意义呢? 对此,笔者已在《理解计算》中有过论述,基本思想是:这些新的计算范例的不断涌现是计算方式不断进化的表现. 计算方式是一种历史的结果,而非计算本性的逻辑必然. 也就是说,计算之所以为计算,在理论层面上只在于它具有一种根本的递归性,或在于它是一种可一步一步进行的符号串(信息) 变换操作. 至于这种符号变换的操作方式如何,以及符号的载体或其外在表现形式如何,都不是本质性的东西,它们无不是一种历史的结果,无不处于一种不断进化的过程之中. 新型计算机的不断涌现只是计算方式不断进化及其多样性的表现(至少在目前如此). 其次,计算方式的历史性、多样性反观了计算本性的逻辑必然性、统一性. 由丘奇－图灵论点所揭示的计算本质,不仅包括数值计算、定理推导等不同形式的计算,还包括了DNA计算机、量子计算机等新型计算机的计算. 这说明不同形式的计算、不同"计算器"的计算,在计算本质上是一致的,这就是递归计算或图灵计算.

笔者认为,丘奇－图灵论点对计算本质的抽象,有着极其高度的普适性. 这种高度的普适性根源于可计算理论本身是一门高度抽象的形式化的数学理论. 大家不要忘了,以丘奇－图灵论点为基石的可计算性理论是在电子计算机诞生之前的 20 世纪 30 年代提出的,即它不是在对任何具体的计算机进行总结与抽象的基础上提出的,而是从纯粹的数理逻辑的角度提出的. 笔者相信,让众多科学家惊叹的"数学在自然科学中那不可思议的有效性"在计算机科学中也会有同样的体现.

　　最后还要强调这样一种认识:计算的实质只是一个理论层面上的问题,即与现实没有直接关系的一个形式化的数学问题,它超越于任何现实的具体计算,是对各种具体计算高度的数学抽象.相反,计算方式则是一个现实层面上的具体问题,它与任何具体的计算设备直接相关,是一种历史的结果,并且随着历史的发展而不断进化.从现实层面上讲,计算包括两方面的内容:信息的表征和信息的加工.而从理论层面上讲,计算就是一个方面的内容 —— 符号或信号的变换.笔者认为,这两个不同层面上的问题不能混为一谈.而事实上,在人们谈论量子计算是否动摇了丘奇 — 图灵论点时,是有着混淆两类不同层面问题之嫌的.

二、图灵 —— 现代计算机理论的奠基者

　　图灵,1912 年 6 月 23 日出生于伦敦,他被认为是 20 世纪最著名的数学家之一.

　　1936 年,图灵做出了他一生最重要的科学贡献,他在其著名论文《论可计算数在判定问题中的应用》一文中,描述了一种理想的通用计算的机器 —— 后人称之为"图灵机".这篇论文被誉为现代计算机原理的始创之作.图灵还从理论上证明了这种理想计算机的可能性.尽管图灵当时还只是在"纸上谈兵",但其思想奠定了整个现代计算机科学的理论基础.

　　通过长期研究和深入思考,图灵预言,总有一天计算机可通过编程获得能与人类竞争的智能.1950 年 10 月,图灵发表了题为《机器能思考吗》的论文,在计算机科学界引起巨大震撼,为人工智能的创立奠定了基础.图灵还设计了著名的"图灵测试".

　　身为一名数学家,在二次大战中图灵前往英国外交部承担"超级机密"研究工作,即主持对德军通讯密码的破译.他被看成是一位天才解密分析专家.

　　图灵在他生命的最后时光,由于他同性恋的性倾向而备受折磨.1952 年因一偶发事件,使他的私生活曝光于大众,政府也取消了他在情报部门的工作.他的脾气变得躁怒不安,性格阴沉郁悒.1954 年 6 月 8 日,人们在图灵的寓所发现了他的尸体.他服用了沾过氰化物的苹果.

　　为了纪念这位计算机科学理论的创立者,美国计算机协会于 1966 年设立了"图灵奖",专门用来奖励那些对计算机科学研究与推动计算机技术发展有卓越贡献的科学家.这是计算机科学领域的"诺贝尔奖".美国国家科学院院士、中科院外籍院士姚期智(1946—)是首位获得图灵奖的华裔科学家(2000 年).他的主要贡献在于量子计算、量子密码等领域.

丘奇是世界著名逻辑学家.他提出了一般递归函数的概念,几乎同时图灵提出了图灵机的概念.1937 年,图灵证明了他的论点与丘奇的论点是一回事.当时许多人对丘奇论点表示怀疑,由于图灵的思想表述得如此清楚,从而消除了这些人的疑虑.

三、量子计算的特点

下面来分析一下量子计算的实质与特点.简单地讲,量子计算机就是实现量子计算的机器.量子计算机是以量子态作为信息的载体,其信息单元是量子比特,它是两个正交量子态的任意叠加态,实现了信息的量子化.直观地讲,一个简单的量子比特是一个双态系统,如半自旋或两能级原子:自旋向上代表 0,自旋向下代表 1;或基态代表 0,激发态代表 1.与经典比特不同,量子比特不但可以处在 0 或 1 的两个状态之一,而且一般地可以同时处于两个态的叠加态,即 $|\varphi>=c_0|0>+c_1|1>$,$|c_0|^2+|c_1|^2=1$.经典比特可以看成量子比特的特例($c_0=0$ 或 $c_1=1$).由 L 个量子位组成的量子寄存器能够一次存储 2^L 个"数字",即量子寄存器随着位数的增加能够指数地增加存储的数据量.信息一旦量子化,量子力学的特性便成为量子信息的物理基础,信息的演变遵从薛定谔方程,信息传输就是量子态在量子通道中的传送,信息处理(计算)是量子态的幺正变换,信息提取便是对量子系统实行量子测量.

那么到底什么是量子信息呢? 它是一种本质上不同于经典信息的信息吗? 还是仅为信息的量子表征呢? 对此笔者之一已撰文指出:量子信息实质上就是信息的量子表征,而不是本质上不同于经典信息的另一种信息.人们所谓的量子信息与经典信息有着本质的区别,只能是在信息表征方式意义上而言.

从现在的研究状况来看,笔者认为,量子信息就是用量子态表示信息.量子信息单元的叠加态并不能或并没有反映出信息本质的区别.量子叠加态只是能表示多个数(即它可以同时表示 0 和 1),对量子叠加态的操作,也只是意味着对多个数同时多路操作运算,即所谓"量子并行计算".说得更具体点,对于一个 L 个物理比特的存储器,若它是经典存储器,则它只能存储 2 个可能的数当中的任一个,若它是量子存储器,则它可以同时存储 2^L 个数,而且随着 L 的增加,其存储量子信息的能力将指数上升.另外,量子计算机在实施一次的计算中可以同时对 2^L 个输入数进行数学运算.其效果相当于经典计算机要重复实施 2^L 次操作,或者采用 2^L 个不同的处理器实行并行操作.由此可见,信息的量子表征只是在信息的存储、处理(计算)以及传输方面区别于并优越于信息的经典表征.由此也进一步看到,信息的表征方式是多种多样的,既可以是经典的,也可以是量子的.但信息的本质是不因表征方式的变化而变化的.当然也不可否认,量子信息与经典信息相比,由于它的表征方式发生了重大变化,因而具有了许多量子力学的特性,如量子纠缠、量子不可克隆、量子叠加性等.

正如经典计算机建立在通用图灵机基础之上,量子计算机亦可建立在量子图灵机基础上.量子图灵机可类比于经典计算机的概率运算.通用图灵机的操作是完全确定性的,用 q 代表当前读写头的状态,s 代表当前存储单元内容,d 取值为 L,R,N,分别代表读写头左移、右移或不动,则在确定性算法中,当 q,s 给定时,下一步的状态 q',s' 及读写头的运动 d 完全确定.我们也可以考虑概率算法,即当 q,s 给定时,图灵机以一定的概率 (q,s,q',s',d) 变换到状态 q',s' 及实行运动 d.概率函数 $X(q,s,q',s',d)$ 为取值 $[0,1]$ 的实数,它完全决定了概率图灵机的性质.

量子图灵机非常类似于上面描述的经典概率图灵机,现在 q,s,q',s' 相应地变成了量子态,而概率函数 $X(q,s,q',s',d)$ 则变成了取值为复数的概率振幅函数 $X(q,s,q',s',d)$,量子图灵机的性质由概率振幅函数确定.正因为现在的运算结果不再按概率叠加,而是按概率振幅叠加,所以量子相干性在量子图灵机中起本质性的作用,这是实现量子并行计算的关键.说得简单点,量子计算机能做到如此高效,得益于量子叠加效应,即一个原子的状态可以同时是 1 和 0,更确切地说,原子可处于 0 和 1 的概率各为 1/2 的叠加态.采用 L 个量子位可以一次同时对 2^L 个数进行处理,一步计算完成了电子计算机 2^L 个数计算.由于量子态具有叠加性,一个幺正操作同时作用在各叠加态上,从而达到并行计算的效果.这里各叠加分量在统一的操作下以各自的路径独立演化,每一个分量上完成的变换都相当于一台传统计算机的工作.最后,各分量之间通过不同概率将结果同时输出.因而一台量子计算机等价于多台传统计算机的功效.也就是说,量子计算机的计算本质依然是图灵计算或递归计算,在这一点上,量子计算机与电子计算机有着共同的计算本质.

四、为什么有人认为量子计算动摇了丘奇一图灵论点

那么为什么现在有人认为量子计算动摇了丘奇一图灵论点呢? 他们的理由是什么呢? 或者说他们有些什么样的具体实例呢? 目前有人提到的实例主要是以下三个:(1) 有人认为,1989 年在纽约 IBM 研究所建成的量子计算机就完成了一件图灵机所不能完成任务 —— 量子密码术.(2) 也有人认为,量子计算机中实现的随机数是真正的随机数,是传统计算机无法实现的,传统计算机实际上产生的是伪随机数.(3) 超距传送的量子计算实现是另一个实例.至于为什么这三个实例就表明量子计算动摇了丘奇一图灵论点,则均没有一个合理的说明,更谈不上严格地证明它们是一种非递归问题.因此,如今认为量子计算

动摇了丘奇－图灵论点的人,无不是一种想当然的观点,其原因主要是把现实问题与理论问题混淆了,把量子力学本身的特点强加给了理论计算.

在回答"量子计算是否动摇了丘奇－图灵论点"这个问题时,一定要明确它只是一个理论层面上的问题,而不是现实层面上的问题.在现实层面上,由于计算复杂性的原因,量子计算机确实可以计算一些由传统的电子计算机所不能计算的问题.笔者认为,在理论层面上,量子计算能否动摇丘奇－图灵论点,关键在于能否证明它可以计算非递归函数.能,则表明量子计算超越了丘奇－图灵论点的界限;不能,则表明量子计算依然受丘奇－图灵论点的制约.因此,任何声称量子计算超越了丘奇－图灵论点界限的人,都必须严格证明量子计算机解决了一个非递归性的问题,否则这种声称就是无意义的或值得怀疑的.自丘奇－图灵论点提出后,人们不是已确证了许多不可计算的问题吗? 如一阶逻辑的判定问题、丢番图方程的整数解问题、群论上的字问题、四维流形的同胚问题等.如果哪一天量子计算机能够解决这么一个非递归问题,那么人们一定会接受量子计算动摇了丘奇－图灵论点的观点.可是目前还没有.

下面分别讨论一下那三个实例的实际意义.量子密码术是密码术与量子力学结合的产物,它利用了系统所具有的量子性质.首先想到将量子物理用于密码术的是美国科学家威斯纳(S. Wiesner).他于 1970 年提出,可利用单量子态制造不可伪造的"电子钞票".量子密码术并不用于传输密文,而是用于建立、传输密码本.根据量子力学的不确定性原理以及量子不可克隆定理,任何窃听者的存在都会被发现,从而保证密码本或加密信息的绝对安全.也就是说,量子密码并不是一种加密算法,它只是通过公开信道,借助量子力学原理来建立只有A,B 双方才知道的随机数序列的一种手段(如果有人窃听,A,B 可以通过某些手段知道).这里完全不是一个算法的问题,根本谈不上对丘奇－图灵论点的动摇,而只是实现了经典技术不能实现而由量子技术实现的一种通信手段.

有人认为量子计算机中实现的随机数是真正的随机数,是传统计算机无法实现的,传统计算机实际上产生的是伪随机数.笔者认为,即便这一说法是正确的,它也没有构成对丘奇－图灵论点的动摇,因为传统计算机无法实现的并不等于图灵机不能实现.前者是一个现实层次上可否实现的问题,后者是一个理论层次上能否实现的问题.传统计算机(电子计算机)实际上产生的是伪随机数,并不等于图灵机在理论意义上不能产生真正的随机数 —— 如果产生真正的随机数是一个递归问题.另外,如何理解量子计算机中实现的随机数,其实也是一个问题,因为对量子力学的不确定性或随机性的认识至今还是有争议的.

超距传送的量子计算被看作是动摇丘奇－图灵论点的另一个案例.笔者认为这也是一个误会,超距传送的量子计算并不是一种新的算法,而是实现量子通信的一种新的量子技术 —— 利用量子纠缠加速经典信息的传送,它实际上就是量子态的超距传送,即实现量子态从一个粒子到另一个粒子的转换.按照贝内特提出的方案,其基本思想是:为实现传送某个物体的未知量子态,可将原物的信息分成经典信息和量子信息两个部分,它们分别经由经典信道和量子信道传送给接收者,经典信息是发送者对原物进行某种测量而获得的,量子信息是发送者在测量中未提取的其余信息.接受者在获得这两种信息之后,就可以制造出原物的完美的复制品,在这个过程中,原物并未被传送给接受者,它始终留在发送者处,被传送的仅仅是原物的量子态,发送者甚至可以对这个量子态一无所知,而接受者是将别的物质单元(如粒子)变换为处于与原物完全相同的量子态,原物的量子态在发送者进行测量及提取经典信息时已遭破坏,因此,这是一种量子态的隐形传送.最终恢复原物量子态的粒子也可以不必与原物同类,只要它们满足相同的量子代数即可,由于经典信息对量子态的隐形传送是必不可少的(否则将违背量子不可克隆定理),而经典信息传递速度不可能快于光速,因此,量子隐形传送也不会违背相对论的光速最大原理.

由上论述可见,我们尚不能断言量子计算动摇了丘奇－图灵论点.其实在笔者与一些从事量子信息、量子计算研究的人士的通信中了解到,他们大都认为:"大量的问题需要讨论,有些问题过早下结论可能不是太妥."有的人直接指出:量子计算机不可以解决图灵机原则上所不能解决的问题.量子计算可以针对某些特殊的难解问题来加速计算.经典图灵机理论上也可做这类问题,只是从计算资源(解决问题所用的时间和空间资源)上来讲,要随问题的难度指数上升.对于图灵机所不能解决的问题,量子计算机同样不能,它只能解决"可计算的函数"问题.至于有人说量子计算机可以解决经典图灵机不能解决的问题,应该正是指那些用目前的经典算法来算会随问题难度增加而呈现指数加速的问题.

最后应提到的是,1990年以后,有研究者开始另辟蹊径,不局限于传统的逻辑手段,而开始尝试"以自然为基础"的探索工作.研究方法除了借助计算机外,还引进了量子物理和生物学的"自然机制",试图将"计算"的概念从经典的图灵可计算概念进一步拓展,倡导一种"自然机制＋算法"的研究模式,采取一种新的方法论策略:将能够归约到算法层面的问题,采用算法来实现,不能归约到算法层面的问题,采用某种自然机制实现.大家知道,计算或算法是有严格的数学含义的,它是以递归函数、丘奇－图灵论点为基础的.但笔者不知道这里所说的"自然机制"是一个什么概念,它具有什么样的数学含义?如果它没有严格的数学含义,或只是一个思辨性的哲学概念,那么它就不是一个与计算相关联的科学概念.如果是这样,那么又如何能运用它"将计算的概念从经典的图灵可计算概念进一步拓展"?至少目前世人还没有看到超越丘奇－图灵论点的一种新的"计算".

第 二 编

数学与人文艺术

文学·数学·计算机 ……①

1_{980} 年,英国文学界出了一条惊人的新闻:又发现了一部英国大文豪莎士比亚所写的戏剧.莎士比亚举世闻名,英国人尤其视其为"国宝".他的剧本和十四行诗,三百多年来脍炙人口;他笔下的人物如罗密欧、朱丽叶、汉姆莱特 …… 更是家喻户晓;他的语言,多少年来一直是诗人墨客创作借鉴的宝库;多少"莎学"家对他所留下的文学瑰宝中只言片语反复考证、仔细疏注;因此发现一部新的莎剧,自然更轰动一时.尤其引人注目的是发现者既非文人,也非学者,却是某技术学院的教师;他所用的方法,既非寻章琢句,又非烦琐考证,而是使用数学和计算机!

靠生动的形象思维而驰骋飞扬的文学,与靠严格的抽象思维而推理运转的数学和计算机,这两者之间,难道不也是"心有灵犀一点通"吗?

一、窥探文学风格的奥秘

文学是语言的艺术.语言是文学的第一要素,是构成文学作品的"物质材料",正像颜色是绘画艺术的材料,乐音是音乐艺术的材料一样.一个作家(或一部作品)的艺术特色首先就是体现在对语言的加工上.所以,文学语言比自然形态的"日常

---

① 本文摘自《自然杂志》第 4 卷(1981 年)第 6 期,作者钱锋、陈光磊.

语言"更丰富多彩,纷呈杂出.杜甫说"语不惊人死不休",作家们正是这样艰苦地从事语言的艺术创造,而树立起自己独特的风格."文如其人""风格即人",认识一个作家,在一定意义上说,也就是首先要认识他的风格或文体,而这种风格的物质基础和物质表现就是语言 —— 艺术语言!

所以,研究作家(或作品)风格的一个基本点,就是分析他的语言特点.具体地说,就是要分析其词汇、句式、音律、辞格等语言材料和表达手段的选择、运用上所形成的种种数量关系:那些体现出风格"质量"的语言"数量"?但是,语言的构造是一个相当复杂的体系,想用"手工业"的办法来精确测定这种细微的数量关系,是不可思议的.要是我们把电子计算机这个不知疲倦、不畏烦琐的助手请来,就好办多了.

我们想,如果文学作品语言结构的种种数量关系得以精确测定,那么,历来讲风格时所谈的"雄壮""刚健""柔婉""清峻"等概念,也许就能得到有不同语言数量关系作依据而比较切实的阐明,从而可以避免空泛和含混解说的毛病.一句话,测定艺术语言的种种数量关系,也就能在一定程度上窥探形成文学风格和文体的奥秘.

让我们来看些实例:

英国著名小说家斯蒂文生(R. L. Stevenson)喜欢用音节少的词.例如,他的一篇小说 *Will'o the mill* 中有一段共用一百一十三个词,其中超过四音节的只有四个.这种特点,就形成他的小说活泼、有力的风格.

但英国 19 世纪著名历史学家麦考莱(T. B. Macaulay)却另具一格,他特别偏爱多音节的长词.例如,他的一部作品里有一个句子用了五十一个词,三音节以上的词就有九个.这也就造成了他特有的庄严肃穆、沉着冷静的风格.以至于 19 世纪英国小说家李顿·勃威(George Lytton-Bulwer)有一篇小说,描写主角在一间据传有"鬼"作祟的屋子里过夜时,竟以读麦考莱的书来为自己"壮胆".

有的作家善用短句.像法国著名作家福楼拜(G. Flaubert)在其名著《感情教育》中有一句仅用了三个词:

Ruiné,dépouille,perdu(毁了,垮了,完了),主角经受莫大打击而沮丧悲观的心情就跃然纸上!

有的作家则喜爱长句.美国现代作家海明威(E. Hemingway)就是一个.他的名著《战地钟声》中,三四十个词的句子比比皆是,六七十个词连下来的句子也不在少数.这形成了海明威奇特的风格.

还有的作家偏爱某一个词(或某些词),一用再用,不厌其多.英国当代著名小说家莫姆(S. Maugham)就特别喜欢用 one 这个词.请看他的小说《作家随笔》中有这么一段话:

As one grows old, one becomes more silent. In one's youth, one is ready to pour oneself out to the world⋯

竟然一口气用了三十八个 one!

评论一个作家,常有"文笔流畅"的赞语. 但是,有的作家的风格却与"流畅"唱反调,酷爱支离破碎的句式. 德国作家克莱斯特(R. Kleist)就是其中的"佼佼者". 例如,他的名著《马贩子柯拉斯》中的一段:

Der Stadthauptmann, der während er mit dem Arzte sprach, bemerkte, daß Kohlhaas eine Träne auf den Brief, dem er bekommen und eröffnet hatte, fallen ließ, ⋯

在这长达由一百零七个词组成的句子里,竟用了十八个逗号和两个分号,把这个长句分割成一小段一小段的. 他的作品中,这类句子可说俯拾皆是.

……

由此可见,作家对于词和句的运用、配置,具有明显的选择性;当然,是创造性的选择.

我们完全可以说:风格即选择. 这种选择的结果当然可以从数量上加以测定.

这方面的工作我国似还没有展开,这里也就只能举一些国外的例证. 我们想,如果对我国著名的作家,如曹雪芹、鲁迅、郭沫若、茅盾等人的语言进行"解剖",统计他们各自在语言上的种种数量关系,恐怕就不难更深入地揭示和认识他们的文体风格了.

二、作家文体风格的"数量化"

我们要对文体风格的数量基础进行研究,就要进行有关的统计. 要统计,得先确定统计的单位. 当然,我们可以取语言材料的基本单位 —— 词. 但是,词的数目很多,必须先由文学研究家做一番扬弃取舍工作. 我们也可以以字母作基本统计单位. 就汉语来说,也许还可以拿音节(字音)做统计单位,这可能比英语等取字母为统计单位能得到更精确的结果.

我们可以为某一种作为研究对象的语言建立相关矩阵. 应该指出,这种相关矩阵,无论对于字母、音节或词作单位(元素)都适用. 在下面介绍时,我们取以字母为元素的相关矩阵.

为了得到作品的相关矩阵,当然要对大量的样品进行统计,否则,就缺乏概括性. 这是一项十分烦琐的工作. 在二阶时,矩阵的元素已有 $28^2 = 784$ 项. 阶数取得越高,就越精确,而需计算的项数也就越多,每一项的值也就越大.^① 为了让矩阵元素的值保持在较小范围,我们往往用一个数去除它,即实际的矩阵元素(二阶为例)便是

$$m'(i,j) = \frac{m(i,j)}{m(i)}$$

这就是说,实际上指的是一种"概率".后面我们所说的都是指这种经过"规格化"的矩阵,显然,这样巨大的数字计算,不采用计算机是无法想象的.

研究时,可以先挑选某一作家的适当作品(从理论上说,取得越多越好),送入计算机里去.然后,再用软件去求出这些作品材料的一阶、二阶直至高阶相关矩阵.这些矩阵也叫作"某作家的相关矩阵".

一个作家的相关矩阵表示了这个作家作品中使用字母的特点,而这实际上也就表示他用词的数量特色.为什么呢? 这是因为,只要把阶数取得充分高,反映字符统计特性的矩阵实际上也就反映了字母组合 ——"词"的数量特点.例如,莫姆喜欢用 one,那么,在他的三阶矩阵里字母 o 出现在字母组合 ne 之前的概率就大,也即 $m(o,n,e)$ 就大.

以上方法,我们称为"相关分析方法".它实际上就是作家文体风格的"数量化",它是为文体和风格建立的一种"数学模型".

三、不同文体风格的数量比较

借助于计算机的大量计算,在得到作家的相关矩阵之后,就可以进一步从数量上对作家的文体风格做比较研究了.

首先,要建立一个标准语言,例如,研究英国作家,先得建立一个标准英语,并算出它的相关矩阵.建立标准英语是英语专家们的事,我们这里假定已经建立,并求得了它的二阶相关矩阵 $E(i,j)$.

设有一个英语作家,其二阶相关矩阵用 $m(i,j)$ 来表示,现在,我们定义

$$\delta(m) = \sum_{i,j} \left[m(i,j) - E(i,j) \right]^2$$

叫作作家 m 的作品对标准英语的"偏离指数",不用说,由于计算量大,它也只能是计算机的产物.

偏离指数是一个和,它的每一项都是一个正数或零. δ 越小,表明作家语言同标准语言越是接近.

在比较两个作家的文体风格时,还得定义另一个量 —— 两个作家的"相关

---

① 为了得到量级概念,试看二阶时的矩阵元素 $28^2 = 784$,三阶时 $28^3 = 21\,952$,四阶时 $28^4 = 614\,656$,五阶时 28^5 就达 1 700 万之多了!

指数"S

$$S(m,n) = \sum_{i,j} \big[m(i,j) - E(i,j) \big] \big[n(i,j) - E(i,j) \big]$$

其中,$m(i)$和$n(i)$分别表示作家m和作家n的二阶相关矩阵.

可以证明,两个作家的二阶相关矩阵越接近,则S越大.也就是说,S越大,两个作家的文体风格在语言上就越是接近.

现在,人们已经对英、美两国许多作家的作品进行了相关分析,有许多翔实的数据.这里,我们就抄一张乔埃斯(James Joyce,1882—1941,英国作家,原籍爱尔兰,他的作品多用"意识流"手法)、莎士比亚、林肯(美国总统,这里是研究他的著作)三人作品的相关指数所列成的矩阵给大家看看(表1).

表1　三个作家的相关指数矩阵①

	乔埃斯	莎士比亚	林肯
乔埃斯	0.07	0.03	− 0.20
莎士比亚	0.03	0.24	− 0.10
林肯	− 0.20	− 0.10	1

从这张表里,可以得到一些有趣的结论,且挑几点来谈谈.

其一,排在矩阵对角线上的,也就是各个作家自己与自己的相关指数(自相关).根据S的定义,这实际上也就是作家语言与标准英语的偏离指数,这个数越小,就说明两者越接近.从表上看,林肯的语言与标准语言大相径庭,而乔埃斯的语言则非常"标准"!

其二,乔埃斯的自相关是0.07,而他与莎士比亚的相关指数竟是0.03,说明他与三百年前的莎翁文体颇近.

其三,莎士比亚虽然与乔埃斯很相似(0.03),但是,他的自相关是0.24,说明他的英语与"标准英语"已有一定距离.

其四,有一点似乎是不可信的,莎翁的英语与标准英语的差距竟没有它与林肯的差距大哩!

这些结论究竟是否可信呢?且看下面的分解.

四、计算机模仿莎翁

问上述的文体比较是否可信,实际上也就是问:相关矩阵到底是不是能在一定程度上代表作家语言上的特点?

---

① 从数学上说,这个矩阵已经以林肯为1进行了"规格化".

我们想对这个问题大胆地作一个"创造性"或者"构造性"的回答.请设想,如果我们能把某一个作家的相关矩阵"注入"一只猴子的脑子里,让它按照这些矩阵来进行遣词造句,看看这只猴子能否异想天开地写出点什么来.具体地说,就是让猴子"掌握"这些相关矩阵,并且让它在这些相关矩阵的"指引"之下去敲打一台英文打字机,看看这只猴子能打出点什么玩意儿来!

一只掌握了莎士比亚的二阶矩阵的猴子,能打出下面这样的字句:

…heliorshit my act mound harcisther k bomat y he ve sa fld d e li y er pu he ys aratufo blld mouro…

请看,这里已经不断跳动出莎翁所常用的词,如 act,he,my,mound,等等.

如果说二阶矩阵的猴子学得还不太令人满意,那么,一旦让它掌握三阶矩阵,其模仿能力就会有惊人的进展.请看,它竟连珠炮似的打出了诸如 thus,now,once,no,… 这样的词,像 all yours,for good,as to 这样的词组也"脱手而出",甚至还发出了 love the lord,o be my lover 之类充满柔情蜜意的呼唤,直至完整地打出了莎翁所创造的不朽名字:Hamlet! 倘是能把阶数再升高,这只猴子说不定真能打出一部大有莎翁风格的《新罗密欧与朱丽叶》来呢!

当然,这只猴子所干的事,实际上是计算机做的.我们把相关矩阵先输入计算机里,然后,让来模拟莎翁,从一台电传打字机上输出它的"作品".这个结果是否足以说明相关矩阵所反映作家作品文体风格在数量上的特征呢? 想来读者不难做出自己的结论.

五、文学研究者的多面助手

电子计算机对于文学研究,到底能起些什么作用呢? 它主要有下列几方面的用途:

(1) 文学风格的语言特征的测定;

(2) 作家、作品的计算机考证;

(3) 作家、作品词典的编纂;

(4) 文学研究资料的自动检索.

这第一方面,我们已作了重点说明,因为对于作家、作品文体研究中数量关系的测定,是一项基础性的工作.除了上举的方面,还有某些词汇及其出现场合的统计,长词和短词(按音节数来划分)的数量分布,句子长短的统计,以及为文章分析建立数学模型(如马尔科夫过程)等.这种种研究的目的都是从数量关系上来把握作家的文体特征.文学和数学往往被认为是对立的"两极".应用数学方法并通过计算机来对文学文体进行研究,使两极会合,爆出了耀眼的电火花,催生了一门新兴的边缘学科,计算文体学或计算风格学(computational stylistics）.

这第二方面,作家、作品的考证,说到底也还是文体的比较,即语言数量关系的比较,不过这种比较是用于鉴定、考证作品.

一篇文学作品的考证工作除了对作品的时代背景和一些基本事实等加以研究而外,很重要的一项就是文体上的比较.简言之,在文体上像谁,是谁写的可能性就愈大.而计算机方法正好为这种文体比较提供了一个明确而可信的依据,因为它是以毫不含混的数字作为基础的.用计算机来协助研究者做考证,可以叫作"计算机辅助作者考证".

我们现在回到文章一开头就提到的莎士比亚.莎翁的那篇作品又是如何给这位"文学侦探"发现的呢? 原来他所用的正是计算风格学,正是我们上面讲的"某些词汇及其出现场合的统计".他依据的是一个作家贯穿全部作品的一些文体习惯,例如,像 to be,as if,of course,in the 等等这些词的搭配方式,这就是带有很强选择性的用词习惯.其他,像在一句句首使用 a,and,the,but,in,it,等等,这又是一个选择倾向.这种选择倾向,不同的作家差别很大,而作者自己则往往又意识不到,所以,也是很难模仿的.因此,这正可以说是在作品里留下鉴别身份的"指纹印"! 国外,计算机辅助考证已经很普遍了.范围所及,从圣经到报章文学都有.1980 年 6 月在美国召开的首届国际《红楼梦》讨论会上,威斯康星大学陈炳藻先生所发表的 —— 用计算机来考证红楼梦作者的论文,是计算机首次闯入"红学"园地.引起了与会者的注目.

我国是世界上文学遗产最丰富的国家之一,文献的考证工作面广量大.远的不说,即对鲁迅佚文的考证,如果能在现在进行考证的诸方面上,再加上对鲁迅语言数量关系的测定,那就会更有成效,更加可靠.

这第三方面,即作家、作品词典的编纂,其重要性、迫切性是不言而喻的.可惜我们现在还没有.究其原因,首先也许就是工作量太大.而这恰正是计算机可以大显身手的地方! 国外,例如牛津大学等已经设计了多种提供文学研究用的专用程序（package）.通过它一个文学工作者可以很快地学会使用计算机,来编一个作家（或作品）的词语总表（concordance）,统计某些词的出现频度,分析诗的格律,等等.无疑,这对计算机的硬件或软件并不谙熟的文学工作者来说,是莫大的帮助.这就可以使我们对一部作品、一个作家所运用的语汇列出一张"明细账目".如果我们把文学史上各时期名家、名作都编出词典（即使列出词汇表也好）,则不仅对文学研究有用,而且对研究民族语言的词汇发展史和编纂大型的综合古今词语的词典,也可提供出宝贵的第一手资料.作家、作品词典的编纂,倘是"手工操作",往往旷日持久,使用电子计算机就有事半功倍之效.

这第四方面,对于我们这样一个历史悠久、文学发达、遗产丰富的国家来说,更显得特别的紧迫.正如一个文学研究工作者所说:"在几十年的研究、撰写过程中,深深感到一个人无法解决的问题:就是资料浩如烟海,未经科学方法整理,使用起来浪费时间、精力,而不能最大限度地发挥研究者的力量,尽快地产生最好的效果.每与同行谈及,也都有同样的感觉."怎么解决呢？方法之一,便是建立以电子计算机为主体的文学资料数据库.例如日本国文学资料馆目前正在建立的"综合系统"那样.这个系统主要收藏日本江户时代以前的文学资料,设有下面三个数据库:原本文献数据库、研究论文数据库、出版物数据库.通过它们,一个研究者可以很快地检索他研究所需的原本、论文乃至难解的语词.这样,研究者花在查找资料上的时间便会大大减少,可以把精力集中在更高一级的脑力劳动上.这实际上是一件解放文学脑力劳动者的"生产力"的大事呵！

总之,计算机和数学在文学研究中驰骋的天地是十分广阔的！

文学、数学与电子计算机①

用计算机研究《红楼梦》已几度成为引人注目的新闻，但实际上这里进入文学研究的主角并不是计算机，而是数学方法，只是因为处理的数据过多，才引入了计算机. 有人误以为只要用了计算机，研究结果就必然科学，这种误解曾导致了一些不切实际的宣传，而用计算机研究《红楼梦》得到的互相矛盾的结果打碎了这些神话. 因此，这里首先需要讨论的是数学方法与文学研究的关系，在这基础上自然能明了计算机在文学研究中所能起的作用.

一、统计语言学原理及其应用

目前用数学方法研究《红楼梦》，主要是根据统计学原理考察作品的语言现象，从而确定著者. 这方法应归于数理语言学范畴，精确地说，属于它的两大分支之一 —— 统计语言学，其数学基础则是由概率论发展而来的统计学.

概率论的思想方法突破了因果律. 从形式逻辑的观点来看，有一定的原因就必有相应的结果；有一定的结果也必有相应的原因. 但实际生活中却经常无法确定条件与事件间决定性的因果关系. 概率论的贡献就在于揭示了大量偶然事件背后隐藏着的规律性，使人们能预测事件发生的可能性有多大. 概率

---

① 本文摘自《自然杂志》第 11 卷(1988 年)第 12 期，作者陈大康.

论在工农业生产中得到了广泛的应用,而它向人文科学渗透则是 20 世纪的事,并且由于各学科具体性质不同,渗透程度也不一样.在经济学中,如果某种不妙的经济现象出现的可能性为 80％,就应该采取措施防患于未然;但在法学上,某人犯罪或无罪的可能性即使高达 99％,也不允许仅据此就将他送进监狱或宣判无罪.审理赫斯特参与抢劫银行案时,辩护人曾从统计学角度提出证据,美国司法当局理所当然地裁定这种辩护无效.相比之下,由于许多语言现象宜于用数字刻画,它对语言学的渗透就较为顺利,并终于导致了新的边缘学科——数理语言学的诞生.

这门新学科很快在实际应用中获得了成功.如用数理语言学中的齐夫定律考察英语,结果发现掌握 1 000 个常用词,就能完成一般交际任务的 80％;帮助学生尽快掌握外语词汇的常用词汇表和次常用词汇表,就是在这基础上编制的.对汉字统计研究的结果表明,最常用的 560 字在现代汉语书籍报刊中出现的概率总和为 80％;如果常用字扩大到 1 000 个,则可达 90％;而掌握了 3 700 个汉字,就能阅读一般报刊内容的 99.9％.这一发现对中小学语文课本用字范围与生字出现次序的确定,对汉语机械化的研究,都有极其重要的意义.

由于文学作品都要用语言来表达,而许多语言现象又可用数字或函数来描述,于是数理语言学又开始向文学领域渗透,目标是刻画作家的文体风格.人们早已认识到作家的文体风格互不相同,但光凭感觉却难以明确区分,而数理语言学恰好在这方面显示出自己的长处.它通过两个具体事例,确定了自己在鉴定著作者方面的声誉.

18 世纪后期的英国,有人化名朱利叶斯连续发表抨击朝政的文章,不知为什么,英皇乔治三世没让愤怒的朝臣们去调查作者的真实姓名.这些文章后来以《朱利叶斯信函》为名结集出版,但作者是谁却成了英国文学史上的悬案.文学史家反复考证史料都得不出确认,被怀疑对象竟多达 300 人.20 世纪 60 年代,瑞士文学史家爱尔加哈德从《朱利叶斯信函》中拣出 500 个"标示词",分析了 50 组同义词的使用,并以此与 300 个"涉嫌者"的资料比较,结果发现只有弗朗西斯爵士与《朱利叶斯信函》相一致的比例高达 99％.这一研究成果得到了文学史界的公认,从而结束了近 200 年的争论.

几乎同时,这类研究在大西洋彼岸也获得了成功.18 世纪 80 年代,美国的汉密尔顿和麦迪逊就合众国立宪问题写了 85 篇文章,这就是著名的《联邦主义者文献》.其中 73 篇的作者是明确的,但有 12 篇却不知作者是他俩中的哪一位.美国的莫索泰勒和华莱士用"标示词"统计和以词频率综合比较的办法解决了这难题.如 While 和 whilst 的意思用法相同,但麦迪逊不用前者而用后者,汉密尔顿的用法却正相反;对常用介词 by 和 to,汉密尔顿的使用频率是前高后低,麦迪逊却前低后高.综合各种写作习惯,最后判定这 12 篇的作者是麦迪逊.由于使用的方法相当有代表性,这一研究成果被尊为统计学辨析作品风格的典范.

其实,被人们用统计学方法考察作者文体风格的作品远不止这两部. 但丁的《神曲》、狄更斯的《大卫·科波菲尔》、萨克雷的《名利场》、普希金的《上尉的女儿》,以及《圣经》、密尔顿与莎士比亚的作品等都被如此分析过. 在我国,则又可列上茅盾、老舍等人的作品. 因此,既然对《红楼梦》这部世界名著的著作者尚有争议,那么从数理语言学的角度来研究这问题就几乎是不可避免的了.

二、关于用统计学方法确定《红楼梦》作者

用语言统计方法研究《红楼梦》作者的至今已有 6 人.

1954 年,瑞典的汉学家高本汉考察了 38 个字在《红楼梦》前 80 回与后 40 回的出现状况,认为前后作者为一人,但它的工作有明显的缺陷:他依据的是按程乙本排印的亚东本,前 80 回已被程、高改动过,统计的可靠性打了很大折扣;他简单地将字的出现分为"多""少""无"三级,精确性又打了折扣. 因此,他的结论没有被人们接受.

赵冈、陈钟毅夫妇反对高本汉的做法,用"了""的""着""在""儿"五字的出现频率分别作均值的 t 检验,认为前 80 回与后 40 回明显不同. 就方法而言,赵、陈两人比高本汉科学,但他们考察的指标却远少于高本汉.

1980 年,美国威斯康星大学的陈炳藻用计算机对五种词类在前、中、后三个 40 回以及《儿女英雄传》40 回出现频率的相关系数做检验,得出了与高本汉类似的结论. 但他子样取得过小,三个 40 回中各抽取了 2 万字,即共 6 万字进行统计,这只占全书 70 万字的 8%,分析的结果自然容易失真. 同时,对构成汉语的字、词、句这三个基本单位,他与以往的研究一样,只偏重某一方面而缺乏全面的考察与综合的研究. 因此尽管这是首次在关于《红楼梦》作者的研究中使用计算机而较引人注目,但人们却有充分的理由来怀疑他的结论.

1983 年初,笔者开始对《红楼梦》全书的字、词、句做全面的统计分析. 首先发现了些"专用词",如"端的"只在前 80 回出现;"越性""索性"是同义词,但前 80 回只用"越性",而后 40 回却只用"索性". 共考察了 27 个词,前后两部分的使用习惯截然不同,作者显然不是一人,而前 80 回某些"专用词"在后 40 回偶尔出现时,基本上都散落在它的前半部分,这说明那里很有可能有曹雪芹的少量残稿. 对字与句统计分析的结果完全支持这一判断. 处理方法是将全书按序分成三个 40 回,用斯米尔诺夫法检验 47 个虚字、12 种长度的句子(其总和超过总句数的 95%)以及平均句长在三部分出现的规律. 检验水平为 0.05,即检验失误的可能性小于 5%. 各指标在前、中 40 回出现的规律完全相同,表明前 80 回

111

为一人所写,而后 40 回与此不一致程度达 93%,即作者是另一人.同时对各指标频率分析也表明,后 40 回前半部含有曹雪芹的少量残稿.由于不是只抽取少量文字而是对全书做统计,考察指标也较多,因此结论也较可靠,"专用词"的发现更增强了说服力.但这结论并不新鲜,它只是从数理语言学的角度证明了以往红学家通过考证或对作品思想性、艺术风格分析得到的结论是正确的[1].

1987 年,李贤平利用笔者统计的数据按回做聚类分析,在《复旦学报》上发表文章[2]认为《红楼梦》"由不同作者在不同时期撰写而成";从 1921 年胡适的《红楼梦考证》到该文发表,胡适派主要思想"统治海内外红学研究达六十六年之久".该文宣称:"反对我的理论当然也能写文章;更明智的做法是,沿着新理论的方向,发挥自己的专长,作创造性的开拓工作."但此文的价值并不在其结论,而在它提供了可引以为戒的教训.

首先,搞研究必须要实事求是.笔者根据请求提供数据时,有关字、词、句的数据是齐全的,但由于对词、句的分析结果不利于该文的结论,该文就避而不谈.而且文中确定哪些回是或不是曹雪芹手笔时,竟没有任何的客观标准,全凭主观想象,而这样做的理由又居然是"建立这种标准需做大量的艰苦工作",因此就干脆不要了!

其次,跨学科研究时应对相关学科有所了解.该文说,凡有明确地点的各回,"照我的计算,恰好都是曹雪芹撰写的",但被判为不是曹雪芹所写的许多回中都有明确地点;而解释明义的"伤心一首葬花词"一诗时,又郑重其事地把黛玉葬花说成"应当是宝钗".这类笑话实在是很不该出现的.而且既然是从语言角度考察,那至少应了解《红楼梦》的语言是带有文言色彩的近代白话.若统计容量较大,文言与白话两类虚字出现的规律就呈现得较清楚.但该文却以回为考察单位,容量实在太小.书中有 23 回是 4 000 余字,有 39 回 5 000 余字,第 12回只有 3 511 字,全书 120 回中,半数以上不足 6 000 字.因此随着情节变化,两类虚字的比例就会发生波动.即使字数较多的回也如此.文言虚字较多的第 78回有 9 001 字,但抽去其中"芙蓉诔"等 1 696 字的文言,文言虚字的比例就迅速下降.显然,如果对红学与语言学都不甚了解,这样的研究自然难以得到可靠的结论.

第三,应正确估价计算机在文学领域中的作用与应用范围.红学家郭豫适曾经指出:"计算机毕竟是一种机器,它没有感情和生命,在涉及文学研究的感情活动和美学欣赏时,它就无能为力了."[3]但该文解释红学中所有有争议问题时给人以这样的印象,仿佛 200 年来红学家们都"皓首穷经,枉抛心力",而一旦接通电源,计算机就对所有问题都提供了答案.其实计算机是人操纵的,输入不同,输出的结果当然也不同.在文学领域内,对同一个运算结果也可以赋以不同的解释.如果以为用了计算机结论就必定科学,那么这实在只能被称为计算机拜物教.

马克·吐温曾诅咒说:"有三种谎言——谎言、糟糕透了的谎言、统计."如果不能以严格的科学态度对待统计分析工作,我们又怎能责怪这位大文豪说话过于偏激呢?

三、其他数学方法在文学领域中的尝试

除数理统计外,其他一些数学方法也曾被引入文学领域,但由于定量描述上的困难,它们的进展不很顺利.

一是模糊数学,它的思想是对排中律的突破.在形式逻辑那里,要么是 A,要么不是 A,两者必居其一.这是对客观世界中大量存在的对立事物的概括.但客观事物并非都是非此即彼,大量的亦此亦彼的现象无法简单地归于 A 或非 A.如文学中,美与丑这两个概念就没有明确的外延.描写绝对的好人(如杨子荣、李玉和)与绝对的坏人(如座山雕、鸠山)的作品固然有,但成功作品中的人物如贾宝玉、阿 Q 等就因无法归于一个简单模式而使评论家们伤透脑筋,争论不已.突破排中律的思想受到了文学评论界的欢迎,但用模糊数学处理问题的具体手段分析作品的尝试却没有成功.如有人这样分析《红楼梦》中荣国府的盛衰史:

设荣府盛衰史为模糊集 A,论域 U 是 $[0,1]$ 上的隶属函数,0 表示盛值,1 表示衰值.又设刘姥姥三进荣府各次所见的衰况为模糊集合元素 x_1,x_2,x_3,则 $U=\{x_1,x_2,x_3\}$.刘姥姥一进荣府时所见衰值定为 0.1,二进时为 0.5,三进时则为 0.9,于是 $M_A(x_1)=0.1,M_A(x_2)=0.5,M_A(x_3)=0.9$,所以 $A=0.1/x_1,0.5/x_2,0.9/x_3$.

且不论这些数值的确定是否合理,以上一连串数学符号无非是说通刘姥姥三进荣府,可看到荣府由盛而衰的变化,但这在 200 年前就已被人们认识到了.尽管引进了数学符号,但既未提出什么新见解,也没解决任何问题.

二是系统论,它的一个突出思想是局部之和大于整体.因为从整体中分割出来的某个局部,与在整体中发挥机能作用的同一部分,作用是完全不同的.以往分析作品,习惯于把它分解为几个如体裁、情节、语言等要素逐一分析,然后再合成分析的结果,这样就往往忽略了各要素所构成的整体作用.系统方法也要求研究各要素的功能,但更强调结构功能,即不存在于各要素之中,而在于各要素按一定方式结合起来的结构所产生的功能.如清初众多的才子佳人小说,任取其中一部,几乎都是艺术性、思想性不高,然而这些作品的总体,却显示出整个作家群从依据话本改编到走上独立创作的势态,并为后来《红楼梦》这样巨著的产生提供了正反两面的经验.就哲学思想而言,系统论与辩证唯物主义

是相通的,文学评论界在这方面的尝试也是有益的.可惜的是,不少文章不是具体的分析来体现这一思想,过多术语的引用反而将它淹没了.

三是控制论,其中的认识客观世界的"黑箱"思想特别使人感兴趣.所谓"黑箱",是指由于条件限制,研究对象的内部结构和机理还不能或不便于直接观察,仿佛密封的箱子.这时若施以外部作用(输入信号),则可通过研究对象对此的反应(信号输出),推测其性质与内在规律.如文学研究中,读者群的审美趣味及其变化是重要的研究课题,但又不可能把每个读者的兴趣爱好都弄得十分清楚后再综合分析,得出结论.现在通过一些读者对各种作品的反应来推测整个读者群的审美趣味及其变化,实际已不自觉地运用了黑箱理论,即将作品问世作为对读者群的信号输入,一些读者的反应则是信号输出.显然,自觉而具体地运用这些理论将更科学合理地获取与理解输出信号,从而得到更符合实际的结论.但在前阶段,一些人运用控制论研究文学时却根本不懂控制论,因而也未获得实际效果.

相比之下,其他数学方法的尝试极不成功.如信息源,作品叫信息储存器,读者则叫信息接受者.这除了增加阅读上的困难,没有而且也不可能取到实际效果.再如博弈论,也只是把"阅读一部不出名的作品,可能像是与一个采取守势的对手举行竞赛"(《苏联简明文学百科全书》:"文学研究与数学方法")来比附.至于其他的如耗散结构论、混沌理论等,则是作者与读者一起糊涂,不知所云.总之,是新名词狂轰滥炸,牵强附会者多,读起来也佶屈聱牙.这些失败的根本原因,就在于忽略了每个学科都有自己特定的研究领域,其解决问题的具体手段也都有强烈的针对性,不顾实际情形的搬弄自然难以成功.

然而,这些失败并不意味着文学应与数学永远绝缘.在人类文明刚诞生时,各学科相距很近,彼此沟通也较容易,由于集中体现在几何学中的逻辑思维能力是一切学科研究的基础,因此柏拉图在自己学园门上写了"不懂数学者止步"的警句.我国古代则把数学列为六艺之一,并认为"(其他)五艺者,不以度数从事,亦不得工也"(徐光启:《刻〈几何原本〉序》).苏轼甚至还意识到数与美的关系:"岂其所以美者,不可以数取欤?"(苏轼:《盐官大悲阁记》)随着生产力的发展,各学科相继独立分化,彼此间距离越来越大,越界交流便成为十分困难的事.但它们又各自代表了人类对客观世界某一部分的了解和掌握,而客观世界本来又是个统一体,因此各学科越发展,越界交流也就越需要.文学批评最犀利的思想武器是辩证唯物论,而正像恩格斯所说,数学是"辩证的辅助工具和表现形式",因此某些数学方法进入文学领域是正常的.其实就在前几年"新方法"轰轰烈烈热闹时,一些扎扎实实的工作已经开始,虽然进展速度还不尽如人意,但其前景却十分光明.

四、数学与计算机应用于文学领域的前景

数学与计算机目前至少在文学领域的三个方面已经或正在取得自己的地位.

首先便是运用数理语言学鉴定著作者.由于数学与语言学的结合已比较成熟,而以往的考证成果又为这种研究提供了线索或指出了方向,因此这种研究方法也比较成熟.随着将作品输入计算机在技术上的困难不断减少,这方面的成就必将更多.然而,要顺利地解决这类问题,数理语言学本身也还需要不断发展与完善.如《金瓶梅》的作者问题是中国小说史上著名的悬案,但小说的语言是近代白话,而被怀疑是作者的那些人的其他作品用的都是文言.即使同一人,他在两种语体中表现出来的语言规律也是不相同的.如何从中寻找出有效的鉴别方法,这便是数理语言学所面临的重要课题之一.

如果说随着著作者待判定的作品逐渐减少,数理语言学将逐渐缩小在文学领域中的用武之地,那么文艺管理学的兴起则给数学方法与计算机在文学领域中的应用开辟了新的驰骋疆场.目前,各式各样的文学刊物、书籍、影视片等层出不穷,对此如何进行有效的管理才能适应并有益于经济基础的发展呢?这便是一些高等院校开始设置文艺管理专业的动因.就文学而言,作品从创作到最后产生社会效果,其中有 5 个直接因素:作者、读者、评论、出版与国家的文艺政策.行政部门不应干涉创作,但它应对作者、读者、评论以及出版给予必要的指导,在打击淫秽读物出版流通等问题上,其作用尤为重大.要搞好文艺管理,首先应对各方面情形心中有数,各类评奖活动便是了解情况的方式之一.得奖作品一般是较受读者欢迎并得到了评论界的赞赏,而它的得奖又会影响作者创作与出版部门的择稿标准.但这只是种比较自发、粗糙的调节.尽管统计选票也用了计算机,但光凭票数只知作品是否得奖,却无法知道这究竟是作品成就高还是读者鉴赏能力还有待于提高,而一旦平庸甚至低级趣味的作品得奖,那对作者、读者、出版等都会产生不良影响.数学方法完全可使评选活动安排得更科学、周密,从而掌握更多的情况,做出较正确的判断.如要求投票者不仅勾出他认为应得奖的作品,而且按人物塑造、情节安排、思想、语言及民族风格等分别从 0 到 10 打分,以便观察该作品受欢迎的原因.如此运用模糊数学原理在教学评估甚至干部考察等方面已获得成功,证明它在理论上与实践中都是可行的.此外,专家与一般读者的意见分别计算,以便对照,而读者又按年龄、职业、地区、文化程度等分别考察.通过对具体作品不同评价的对比,影响文学事业各环节的现状就能较清晰地显示出来,从而可采取相应措施以促进整个文学事业的健康发展.对处于不停运动状态中的创作倾向、鉴赏能力、评论水准、出版方向

等因素,则可通过有关资料的连续积累考察其运动的规律性.几次人口普查的经验表明,计算机处理这类问题并无技术上的困难.随着文艺管理事业的发展,这一综合了模糊数学、系统论、控制论、信息论等思想的方法必将大显身手.

人文科学研究中,大量的时间精力往往是花在占有、排比资料上.仔细地查阅卡片箱,然后在书库里耐心地寻找,有时两眼瞪得干涩发酸还一无所得.借到书后,又得一页页地查寻,而抄录也颇费时间与精力.各式各样的资料浩如烟海,并正以爆炸的形式迅速扩张,寻找与占有资料谈何容易,在这方面,数学方法与计算机恰恰能发挥其长处帮大忙.如果资料都已输入电脑,电脑就能按照你的要求迅速检索出有关资料,显示在屏幕上,并把你需要的材料打印出来.原先要花费极大时间与精力方能完成的事,现在就只需举手之劳.计算机还能帮助整理古籍.如版本校勘,只要把校勘原则与过程抽象为数学形式,用计算机语言输入电脑,就能实现迅速自动校勘,而且比人工校勘更精细、准确,因为这不像人那样会因大脑或眼力的疲劳而产生疏忽与误差.

然而这里有个问题,怎样才能把这许多资料输入电脑呢? 现在虽已有些资料输入了电脑,但这只是沧海一粟,而且从全局看,这工作的开展还有点混乱,像江苏与深圳都把《红楼梦》输入了电脑,做了重复工作,而且由于索价昂贵,别人也难以利用这成果.因此,这方面的工作一定要有全面的规划,既有具体分工,又能互相交流.这一进程将促使人们在这领域内更科学地运用数学方法与计算机,而遇到的一系列难题也会促使数学方法与计算机的发展.可以相信,经过几代人的艰苦努力,广大哲学社会科学工作者定能从查寻资料这类繁重的劳动中解放出来,从而有更多的时间与精力来发挥自己的聪明才智.

[1] 陈大康.红楼梦学刊.北京:文化艺术出版社,1986(1):293.

[2] 李贤平.复旦大学学报(社会科学版),1987(5):3.

[3] 郭豫适.中国古代小说论集.上海:华东师范大学出版社,1987:282.

乐音体系的数学原理①

构成音乐的基本元素是许许多多悦耳动听的乐音.一个乐音体系总是要符合某些自然的或艺术的法则.现今流行的乐音体系是如何产生的呢？这曾是一些学者研究的课题.人类的音乐活动起源很早,可以上溯至人类社会产生之初,至少不比语言的产生更晚.恩格斯说"语言是从劳动中并和劳动一起产生出来的"(《劳动在从猿到人转变过程中的作用》《马克思恩格斯选集》第3卷第511页),可以说音乐也是从劳动中并和劳动一起产生出来的.因此,作为音乐基础的乐音体系,它的形成历史已难以准确考察.一般认为,音列关系的纯粹理性产物——十二平均律最早出现于古希腊时代,完成于17世纪末的欧洲；而在中国最早完全解决这个问题的是明朝仁宗皇帝的后裔、曾世袭郑王爵位的大音乐家朱载堉(于1584年),至于五度律、纯律的产生当在更早的年代.

乐音体系历来蒙着一层神秘的色彩.人们一直在探究:为什么使用5,7,12这3个数字而不是别的数字来构成音阶？音程为什么有协和与不协和之分？和弦的品质是怎样决定的？等等.有一种传说认为古希腊人之所以选择7个音构成乐音体系,是因为他们认为太阳系的七大行星(除海王星与冥王星外)在天穹运行时发出了各自的声音."7"这个数字在一些古老民族的文化风俗中经常占有特殊的地位,因而对于音阶也产生了

---

① 本文摘自《自然杂志》第12卷(1989年)第3期,作者黄力民.

形形色色的臆测.

一

声音能被人的感觉器官区别的重要因素是振动的频率.声音是否悦耳在于声音之间的对比.虽然可以想象人类很早就有音的和谐感,但是对协和音的比较完全的了解是在弦乐器出现之后(远远晚于打击乐器),这是因为弦振动的频率与弦的长度存在简单的反比关系.近代数学业已得出弦振动频率的公式是

$$\omega = \frac{1}{2l}\sqrt{\frac{T}{\rho}}$$

这里 ρ 是弦的材料的线密度;T 是弦的张力,即张紧程度;l 是弦长;ω 是频率,通常以每秒一次即赫兹为单位.

人类长期积累的经验表明:两音的频率之比越简单,两音的感觉效果就越纯净、愉快、和谐.

首先,最简单的比例是 2:1.例如一个音的频率为 260.7 赫兹(它位于乐谱上高音表与低音表之间的横线上的位置,称为中央 C),则 2×260.7 赫兹的音是协和音,这就是高八度音.当然与后者和谐的音是 4×260.7 赫兹,于是可以写出以下音列:

$260.7, 2 \times 260.7, 2^2 \times 260.7, \cdots$,分别记为 $C, C^1, C^2, \cdots$,称为音名.

由于我们讨论的是音的比较,可暂时不管音的绝对高度(频率),因此又可将音列简写为如表 1 所示.

表 1

C	C¹	C²	C³	...
1	2	2^2	2^3	...

当然不仅相邻的音是和谐的,C 与 C^2,C^1 与 C^3 等也应是和谐的.总之这些协和音频率之比是 2^m(m 为自然数).

由这些音能否产生音乐呢? 回答是不能.实验表明,人能感觉的声音频率的最大范围是 16~20 000 赫兹,而音乐中常使用的是 16~4 000 赫兹,至于人声的范围 —— 它与器乐中最富于表现力的范围一致 —— 是 60~1 000 赫兹,大约含有 4 个八度.如果考虑到具体的人,则歌唱家也难以超过两个八度.显然,三四个音是不能产生音乐的.

另一方面,两音频率之比愈简单则关系愈纯净,而纯净之极端便是空洞贫乏.可以说八度音虽然纯净,却失之空洞贫乏.事实上,八度音在音乐中常被当作同一个音处理.

由于以上两个原因,需要引进第二种比例关系.除 2:1 外,最简单的是 3:1

或 $3:2$. 先引进 $3:2$, 写出一系列成 $3:2$ 的音, 如表 2.

表 2

C	G	D	A	E	B	#F	#C	...
1	$\frac{3}{2}$	$\left(\frac{3}{2}\right)^2$	$\left(\frac{3}{2}\right)^3$	$\left(\frac{3}{2}\right)^4$	$\left(\frac{3}{2}\right)^5$	$\left(\frac{3}{2}\right)^6$	$\left(\frac{3}{2}\right)^7$	...
1	1.5	2.25	3.38	5.06	7.59	11.39	17.09	...

表中如此使用音名是因为事实上已存在七声音阶, 但这里暂且只当作一种符号.

当然表 1 与表 2 各音相互之间也是和谐的. 将两表结合起来, 得到协和音的比值为 $2^m\left(\frac{3}{2}\right)^n$ (m, n 为自然数).

但是这里存在两个问题. 首先是两表形成的不是一个封闭系统, 即由于不存在自然数 m, n 使 $\left(\frac{3}{2}\right)^n = 2^m$, 两表不含有相同的音. 其次数学上可以证明只要选取合适的 m, n, 分数 $2^m\left(\frac{3}{2}\right)^n$ 与任意给定数之差的绝对值可以任意小. 这实际上是说, 由这两表构成的音可以是任何频率的. 这个庞杂而包罗无遗的音系当然不可能有任何意义上的和谐感.

为此在适当的地方截断表 2, 以便获得适当数量的音. 截断原则是使近似式 $2^m \approx \left(\frac{3}{2}\right)^n$ 成立. 在表 2 中第一个成立这个近似关系的是

$$7.59 = \left(\frac{3}{2}\right)^5 \approx 2^3 = 8$$

在表 2 中将 B 音及以后的音去掉, 或者说近似认为第 6 位置即 C 的高八度音.

由于将八度音看作同一的, 因此可将表 2 中各音改为低若干八度的音, 使与 C 音之比小于 2, 得表 3.

表 3

C	D	E	G	A	C
1	$\frac{1}{2}\left(\frac{3}{2}\right)^2$	$\frac{1}{2^2}\left(\frac{3}{2}\right)^4$	$\frac{3}{2}$	$\frac{1}{2}\left(\frac{3}{2}\right)^3$	2
1	$\frac{9}{8}$	$\frac{81}{64}$	$\frac{3}{2}$	$\frac{27}{16}$	2

这是我们的第一个结果. 如果不计八度音的差别, 这个音阶只有 5 个音, 这就是音乐中占有重要地位的五度律的五声音阶, 它常出现在中国、日本、苏格兰等民族音乐中.

继续观察表 2,第二个近似式为

$$17.09 = \left(\frac{3}{2}\right)^7 \approx 2^4 = 16$$

在表 2 中取 7 个音整理成表 4,便得七声音阶.

表 4

C	D	E	♯F	G	A	B	C
1	$\frac{1}{2}\left(\frac{3}{2}\right)^2$	$\frac{1}{2^2}\left(\frac{3}{2}\right)^4$	$\frac{1}{2^3}\left(\frac{3}{2}\right)^6$	$\frac{3}{2}$	$\frac{1}{2}\left(\frac{3}{2}\right)^3$	$\frac{1}{2^2}\left(\frac{3}{2}\right)^5$	2
1	$\frac{9}{8}$	$\frac{81}{64}$	$\frac{729}{512}$	$\frac{3}{2}$	$\frac{27}{16}$	$\frac{243}{128}$	2

类似地,第三个近似式是

$$129.7 = \left(\frac{3}{2}\right)^{12} \approx 2^7 = 128$$

它对应着十二声音阶.

记相对误差 $\dfrac{\left(\frac{3}{2}\right)^n - 2^m}{2^m} = \delta\%$,将前 10 个结果列成表 5,表中数字 n 即表明该音阶所含音的数目,共得 10 种音阶.

表 5

序号	$2^m \approx \left(\frac{3}{2}\right)^n$		δ
	m	n	
1	3	5	-5.13
2	4	7	6.81
3	7	12	1.33
4	10	17	-3.79
5	14	24	2.75
6	17	29	-2.47
7	21	36	4.15
8	24	41	-1.14
9	28	48	5.57
10	31	53	0.21

其中以第 10 个近似式的精确度最高,它对应着五十三声音阶,据资料记载确有人制订过五十三声音阶.

再继续考察应用最广的七声音阶.表 4 所给出的并不是通常的大调音阶.关于七声音阶还有一些其他的方案.

在表 2 中按下行方向取一个音,其余 5 个音按上行取得,即

F	C	G	D	A	E	B
$\dfrac{2}{3}$	1	$\dfrac{3}{2}$	$\left(\dfrac{3}{2}\right)^2$	$\left(\dfrac{3}{2}\right)^3$	$\left(\dfrac{3}{2}\right)^4$	$\left(\dfrac{3}{2}\right)^5$

整理成表 6.

表 6

C	D	E	F	G	A	B	C
1	$\dfrac{9}{8}$	$\dfrac{81}{64}$	$\dfrac{4}{3}$	$\dfrac{3}{2}$	$\dfrac{27}{16}$	$\dfrac{243}{128}$	2

这恰是熟知的大调音阶.关于它的形成还有另一种解释:在音 C 与 C¹ 之间先写出各自的 3∶2 的音,即

C	F	G	C¹
1	$\dfrac{4}{3}$	$\dfrac{3}{2}$	2

然后将 G 音按 3∶2 上行 4 次,整理后即得.

美国著名音乐理论家该丘斯对此的解释是:以 C,G,D,A,E 作为"内环"或"核心",两端上行与下行 3∶2 得到 B 音与 F 音便形成大调音阶.

这种说法没有回答为什么音阶由 5 音或 7 音组成(我们在上面已解决了这个问题),也不能说明为什么半音位置恰在 E,F 与 B,C 之间.我们看到表 4 与表 6 都是七声音阶的构成方案之一,而且还可以得到其他方案,例如将 C 音按 3∶2 下行 6 次

♭G	♭D	♭A	♭E	♭B	F	C
$\left(\dfrac{2}{3}\right)^6$	$\left(\dfrac{2}{3}\right)^5$	$\left(\dfrac{2}{3}\right)^4$	$\left(\dfrac{2}{3}\right)^3$	$\left(\dfrac{2}{3}\right)^2$	$\left(\dfrac{2}{3}\right)$	1

整理成表 7.

表 7

C	♭D	♭E	F	♭G	♭A	♭B	C
1	$\dfrac{256}{243}$	$\dfrac{32}{27}$	$\dfrac{4}{3}$	$\dfrac{1\,024}{729}$	$\dfrac{128}{81}$	$\dfrac{16}{9}$	2

或以 C－F－G－C¹ 为基础,将 F 音下行 4 次

♭D	♭A	♭E	♭B	C	F	G	C¹
$\dfrac{4}{3}\left(\dfrac{2}{3}\right)^4$	$\dfrac{4}{3}\left(\dfrac{2}{3}\right)^3$	$\dfrac{4}{3}\left(\dfrac{2}{3}\right)^2$	$\dfrac{4}{3}\left(\dfrac{2}{3}\right)$	1	$\dfrac{4}{3}$	$\dfrac{3}{2}$	2

整理成表 8.

表 8

C	♭D	♭E	F	G	♭A	♭B	C
1	$\dfrac{256}{243}$	$\dfrac{32}{27}$	$\dfrac{4}{3}$	$\dfrac{3}{2}$	$\dfrac{128}{81}$	$\dfrac{16}{9}$	2

或以 C 为中心上行 3 次下行 3 次得表 9. 此方案中两个半音占有对称的位置.

表 9

C	D	♭E	F	G	A	♭B	C
1	$\dfrac{9}{8}$	$\dfrac{32}{27}$	$\dfrac{4}{3}$	$\dfrac{3}{2}$	$\dfrac{27}{16}$	$\dfrac{16}{9}$	2

以上各个音阶方案作为音列,在数学关系上都是相同的,但由于半音位置的不同而对应着不同的调式. 按照对称性原则,没有哪个方案的形成占有特殊地位,但其中只有表 6 代表自然大调,其他如表 4 相当于 fa 调式,表 7,8,9 各相当于 si,mi,re 调式,都是不多见的.

既然从数学上看,表 6 较之于表 4,7,8,9 并无特殊可言,那么我们可以对该丘斯的说法即"C,G,D,A,E 是内环与核心"提出疑问 —— 称内环与核心的理由是什么? 对于五声音阶,它的内环与核心又是什么? 应当说,调式的选择,不能归于数学或物理的原因,这是长期艺术实践的结果.

以上是用 2 : 1 与 3 : 2 生成的音阶,如果选用 2 : 1 与 3 : 1 将构成什么音阶呢? 写出音列

$$1,3,3^2,3^3,\cdots$$

但是它们与表 1 音列的结合所得的音 $2^m 3^k$ 与 $2^m\left(\dfrac{3}{2}\right)^n$ 完全一样. 因此可以说,五声、七声、十二声等音阶是由自然数 1,2,3 生成的,或者说由纯八度(2 : 1)与纯五度(3 : 2)交互作用而生成的,不妨称之为(1,2,3)体系. 有的文献将纯四度的作用与纯五度并列,似乎是没有理由的.

是否可以建立一个与(1,2,3)不同的体系呢? 我们来尝试作一个(1,2,5)体系. 按 5 : 4 上行写出音列

$$1,\frac{5}{4},\left(\frac{5}{4}\right)^2,\left(\frac{5}{4}\right)^3,\cdots$$

取其近似式 $\left(\dfrac{5}{4}\right)^6 \approx 2^2$，可得如下音阶

$$1, \frac{625}{512}, \frac{5}{4}, \frac{3\,125}{2\,048}, \frac{25}{16}, \frac{125}{64}, 2$$

可以看到这种音阶中音的比例较复杂（因为（1，2，5）的数字比（1，2，3）复杂），而且其相邻音比值有三种，结构也复杂.这种音阶若用于实践，不仅和谐性很差，其表现技巧也很艰深，这正是艺术所忌讳的.

二

比五度律稍复杂些的是纯律，它在五度之间插入一个简单数而形成.例如 C 音与 G 音之比是 2∶3 或 4∶6，现插入 E 音，使三音成比例 4∶5∶6，C—E—G 即大三和弦.以此为基础向两端各发展一个大三和弦

F	A	C	E	G	B	D
$\frac{2}{3}$	$\frac{5}{6}$	1	$\frac{5}{4}$	$\frac{3}{2}$	$\frac{15}{8}$	$\left(\frac{3}{2}\right)^2$

整理成如表 10 的音阶.

表 10

C	D	E	F	G	A	B	C
1	$\frac{9}{8}$	$\frac{5}{4}$	$\frac{4}{3}$	$\frac{3}{2}$	$\frac{5}{3}$	$\frac{15}{8}$	2
9∶8	10∶9	16∶15	9∶8	10∶9	9∶8	16∶15	

与表 6 比较，它的音高比值简单得多，这是它的优点.但它的二度音程有 3 种之多，其半音关系复杂.如果由 F 音与 D 音再向外各发展一个大三和弦，得到的是十一声音阶，其二度音程还要增加 3 个.而我们知道五度律七声音阶的二度音程只有大二度与小二度（即自然半音）两种，十二声音阶只有自然半音与变化半音两种.其次，表 10 中虽然 3 个大三和弦之比都是 4∶5∶6，但其他和弦却很复杂，D—F—A 为 27∶32∶40，E—G—B 与 A—C—E¹ 为 10∶12∶15，B—D—F 为 45∶54∶64.

因此纯律也使用 7 个音的原因应是：纯律是从某种角度对于五度律的改进（同时也带来上述的缺陷）.

纯律的另一种形成方式是以小三和弦为基础，即让 A—C—E 三音成比例 10∶12∶15.这里 A 音与 E 音仍是 2∶3，只是插入的 C 音位置与大三和弦不同.大三和弦是大三度加小三度，而小三和弦是小三度加大三度.因此以小三和弦

123

生成七声音阶所得音列的成分与大三和弦法相同,唯其次序不一样

D	F	A	C	E	G	B
$\frac{2}{3}$	$\frac{2}{3}\cdot\frac{6}{5}$	1	$\frac{6}{5}$	$\frac{3}{2}$	$\frac{3}{2}\cdot\frac{6}{5}$	$\left(\frac{3}{2}\right)^2$

整理成如表 11 的音阶.

表 11

A	B	C	D	E	F	G	A
1	$\frac{9}{8}$	$\frac{6}{5}$	$\frac{4}{3}$	$\frac{3}{2}$	$\frac{8}{5}$	$\frac{9}{5}$	2

它的 3 个小三和弦之比都是 10：12：15,但大三和弦却有两种:4：5：6 与 108：135：160. 这就是广泛应用的自然小调音阶.

总之,纯律七声音阶音高比例简单,用来解释大、小调式的形成较为自然合理. 但是它具有复杂的半音关系,大、小三和弦中总有一种不合理. 从生成本质看,由于引进了 5 这个数字,可说纯律七声音阶属于(1,2,3,5) 体系.

历史上究竟是先有五度律还是先有纯律? 自然有两种看法:

一是认为先有五度律,它有各种调式,经过长期艺术实践确定了其中一种(即表 6)为大调.后来借鉴其七音形式并改进略嫌复杂的音程关系而提出以大、小三和弦为基础的纯律.

一是认为先有纯律,因为它可以确定自然大调与小调,但因其有 3 种二度音程,半音关系复杂,因而改进成五度律.

笔者倾向于第一种看法.下面我们将就音程关系给出两种乐律之间的进一步的密切联系.

三

关于音的和谐原则是:音的和谐应使两音频率呈最简单的比例.现考虑其数学物理本质.

由高等数学中的调和分析理论,一般来说,周期运动(设以 $\frac{1}{\omega}$ 为周期) 都可以分解为无数多频率为 $\omega,2\omega,\cdots,n\omega,\cdots$ 的简谐振动之合成,即

$$f(t)=\frac{a_0}{2}+\sum_{n=1}^{\infty}(a_n\cos 2\pi n\omega t + b_n\sin 2\pi n\omega t)$$

其中$(a_n\cos 2\pi n\omega t + b_n\sin 2\pi n\omega t)$ 称为第 n 次谐波.这就是所谓周期函数的傅里叶展开,或称为谐波展开.

例如长度为 l 的弦,使其中部离开平衡位置 h 距离后突然松开(相当于器乐

中的拨弦），则所产生的振动为

$$\sum_{n=1}^{\infty}\left(\frac{8h}{n^2\pi^2}\sin\frac{n\pi}{2}\sin\frac{n\pi}{l}x\right)\cos 2\pi n\omega t$$

其中 $\omega=\frac{1}{2l}\sqrt{\frac{T}{\rho}}$．每个谐波的振幅 $\frac{8h}{n^2\pi^2}\cdot\sin\frac{n\pi}{2}\sin\frac{n\pi}{l}x$ 与弦上的位置 x 有关，且当 n 较大时，振幅将很小.

因此以 ω 为频率的声波是一系列频率为

$$\omega,2\omega,3\omega,\cdots \tag{1}$$

的声波的合成. 以 $\frac{q}{p}\omega$ 为频率的声波是一系列频率为

$$\frac{q}{p}\omega,\frac{2q}{p}\omega,\frac{3q}{p}\omega,\cdots \tag{2}$$

的声波的合成. 在这两个频率系列中式（1）的第 q 个、第 $2q$ 个……与式（2）的第 p 个、第 $2p$ 个……完全相同，分别是 $q\omega,2q\omega,\cdots$. 例如 C 音的第 3 次、第 6 次……谐波与 G 音的第 2 次、第 4 次……谐波频率完全相同. 可见和谐的本质就是两音含有完全同频率的谐波.

两个频率比为 $\frac{q}{p}$（p,q 为整数）的音，它们的谐波总是有同频的，问题是有多少，即同频的谐波的密度如何. 由于频率系列式（1）中每 q 个有一个与频率系列式（2）每 p 个中的一个相同，因此 p,q 愈小，同频的谐波就愈多，即两音愈和谐. 这就是所谓最简频率比值原则的数学解释.

若两个声波都是简谐振动，如 $B_1\sin 2\pi\omega_1 t$ 与 $B_2\sin 2\pi\omega_2 t$，则这样的声音称为纯音. 纯音的傅里叶展开就是其本身. 当 $\omega_1\neq\omega_2$ 时，没有任何同频的谐波，它们应该是不可能和谐的，但有的物理学家指出，两个经过精心调制的不带谐音的纯音，当它们的频率比值等于某个简单数时，并不能给人以和谐或不和谐的感觉. 当然这种纯音很难产生，至少各种器乐与人声的振动都具有十分复杂的波形 —— 即有各自的音色.

四

我们写出五度律大调（参见表 6）的各种音程关系

纯同度　　1　　　　　纯八度　　2

大二度　　$\frac{9}{8}$　　　　小七度　　$\frac{16}{9}$

大三度	$\dfrac{81}{64}$	小六度	$\dfrac{128}{81}$
纯四度	$\dfrac{4}{3}$	纯五度	$\dfrac{3}{2}$
大六度	$\dfrac{27}{16}$	小三度	$\dfrac{32}{27}$
大七度	$\dfrac{243}{128}$	小二度	$\dfrac{256}{243}$

这里大二度不等于两个小二度,即 $\left(\dfrac{256}{243}\right)^2 \neq \dfrac{9}{8}$,这正是由于 $\left(\dfrac{3}{2}\right)^n \neq 2^m$ 所致. 小二度又称为自然半音,比值为 $\dfrac{9}{8} \Big/ \dfrac{256}{243} = \dfrac{2\,187}{2\,048}$ 的音程称为变化半音,它与升降号相联系. 七声音阶中有 5 个全音,2 个自然半音. 每个全音含自然半音与变化半音各一个. 十二声音阶有 7 个自然半音,5 个变化半音.

由 $1.067\,9 \approx \dfrac{2\,187}{2\,048} > \dfrac{256}{243} \approx 1.053\,5$ 可知 $^{\sharp}$E 高于 F,$^{\flat}$F 低于 E 或 $^{\sharp}$F 高于 $^{\flat}$G.

我们利用数学中的渐近分数来求得具有复杂比值的音程的近似值,为此应将比值表为连分数. 下面以大三度为例

$$\frac{81}{64} = 1 + \cfrac{1}{3 + \cfrac{1}{1 + \cfrac{1}{3 + \cfrac{1}{4}}}}$$

简记为 $\dfrac{81}{64} = 1 + \dfrac{1}{3} + \dfrac{1}{1} + \dfrac{1}{3} + \dfrac{1}{4}$.

在分母中分别舍去 $\cfrac{1}{1 + \cfrac{1}{3 + \cfrac{1}{4}}}$,$\cfrac{1}{3 + \cfrac{1}{4}}$,$\dfrac{1}{4}$ 便得到 $\dfrac{81}{64}$ 的 3 个近似值

$$\frac{81}{64} \approx \frac{4}{3}, \frac{5}{4}, \frac{19}{15}$$

它们一个比一个复杂,但也更接近于 $\dfrac{81}{64}$.

由于纯四度的比值已是 $\dfrac{4}{3}$,取 $\dfrac{81}{64} \approx \dfrac{5}{4}$ 作为最简单的近似值.

类似对其他音程进行计算:

小六度:$\dfrac{128}{81} = 1 + \dfrac{1}{1} + \dfrac{1}{1} + \dfrac{1}{2} + \dfrac{1}{1} + \dfrac{1}{1} + \dfrac{1}{1} + \dfrac{1}{1} + \dfrac{1}{2} \approx 2, \dfrac{3}{2}, \dfrac{8}{5}, \cdots,$取

$$\frac{128}{81} \approx \frac{8}{5}.$$

大六度：$\frac{27}{16} = 1 + \frac{1}{1} + \frac{1}{2} + \frac{1}{5} \approx 2, \frac{5}{3}$，取 $\frac{27}{16} \approx \frac{5}{3}$.

小三度：$\frac{32}{27} = 1 + \frac{1}{5} + \frac{1}{2} + \frac{1}{2} \approx \frac{6}{5}, \frac{13}{11}$，取 $\frac{32}{27} \approx \frac{6}{5}$.

小七度：$\frac{243}{128} = 1 + \frac{1}{1} + \frac{1}{8} + \frac{1}{1} + \frac{1}{5} + \frac{1}{2} \approx 2, \frac{17}{9}, \cdots$，取 $\frac{243}{128} \approx \frac{17}{9}$.

小二度：$\frac{256}{243} = 1 + \frac{1}{18} + \frac{1}{1} + \frac{1}{2} + \frac{1}{4} \approx \frac{19}{18}, \cdots$，取 $\frac{256}{243} \approx \frac{19}{18}$.

变化半音：$\frac{2\,187}{2\,048} = 1 + \frac{1}{14} + \frac{1}{1} + \frac{1}{2} + \frac{1}{1} + \frac{1}{3} + \frac{1}{9} \approx \frac{19}{14}, \frac{16}{15}, \cdots$，取 $\frac{2\,187}{2\,048} \approx \frac{15}{14}$.

减五度：$\frac{3}{2} \cdot \frac{2\,048}{2\,187} = 1 + \frac{1}{2} + \frac{1}{2} + \frac{1}{8} + \frac{1}{5} + \frac{1}{1} + \frac{1}{2} \approx \frac{3}{2}, \frac{7}{5}, \frac{59}{42}, \cdots$，取 $\frac{3}{2} \cdot \frac{2\,048}{2\,187} \approx \frac{7}{5}$.

增四度：$\frac{4}{3} \cdot \frac{2\,187}{2\,048} = 1 + \frac{1}{2} + \frac{1}{2} + \frac{1}{1} + \frac{1}{3} + \frac{1}{1} + \frac{1}{1} + \frac{1}{2} + \frac{1}{3} \approx \frac{3}{2}, \frac{7}{5}, \frac{10}{7}, \cdots$，取 $\frac{4}{3} \cdot \frac{2\,187}{2\,048} \approx \frac{10}{7}$.

大二度与小七度就取为精确值 $\frac{9}{8}$ 与 $\frac{16}{9}$.

这里取增四度为 $\frac{10}{7}$，便使增四度高于减五度. 有的书称增四度为 $\frac{7}{5}$，似不妥.

写出一个自然数列，将所得的音程比值标注出来，如图 1.

图 1 给出了音程频率比值简单性的一个排列次序. 居于前段的是完全协和音程：纯八、纯五、纯四. 中段是不完全协和音程：大小三、六度. 尾段是不协和音程：大小二、七度与变化半音. 增四度与减五度约居于中段与尾段之间. 这与音乐的实践是完全一致的.

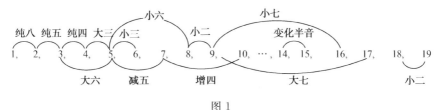

图 1

令人惊异的是这个结果与纯律的精确音程关系(参见表 10)基本吻合，仅在大七度、小二度有差别（注意到纯律有两个大二度：$\frac{9}{8}$，$\frac{10}{9}$），于此可见纯律与五度律之密切联系.

在有的文献中，第一方案的增四度、减五度与本文一致，但未说明其来源；而第二、三方案中均有增四度低于减五度，似不妥.又有的文献称纯律之小七度为 $\frac{9}{5}$，这不仅与表 10 不符，也与表 11 规律不符，这将使小七度反比大二度 $\left(\frac{9}{8}\right)$ 协和.

五

本节考虑三和弦的品质问题.在五度律的大调式（表 6）中，3 个大三和弦 C，F，G 的 3 个音的频率比值都是 64∶81∶96（在纯律中简化为 4∶5∶6），3 个小三和弦 D，E，A 的 3 个音的频率比值都是 54∶64∶81，又 B 和弦为 729∶864∶1 024.

从比值来看，大和弦之间与小和弦之间是没有差别的，即每个和弦的 3 个音会有相同数目的同频谐波.例如 G 和弦的 3 个音的频率系列分别是：

根音 G：$\frac{3}{2}\omega$，$2 \times \frac{3}{2}\omega$，$\cdots$，$81 \times \frac{3}{2}\omega$，$\cdots$；

三音 B：$\frac{243}{128}\omega$，$2 \times \frac{243}{128}\omega$，$\cdots$，$64 \times \frac{243}{128}\omega$，$\cdots$；

五音 D：$\frac{9}{4}\omega$，$2 \times \frac{9}{4}\omega$，$\cdots$，$54 \times \frac{9}{4}\omega$，$\cdots$.

G 音的第 81 次谐波与 B 音的第 64 次谐波及 D 音的第 54 次谐波同频率，均为 $\frac{243}{2}\omega$.我们定义 G 和弦的和谐密度是 $\frac{1}{81} + \frac{1}{64} + \frac{1}{54}$.G 和弦中其他同频谐波的频率都是 $\frac{243}{2}\omega$ 的倍数，即

$$\frac{243}{2}\omega，2 \times \frac{243}{2}\omega，\cdots$$

若不计八度的差别，则第一与第二个谐波 $\frac{243}{2}\omega$ 与 $2 \times \frac{243}{2}\omega$ 就是 B 音 $\left(\frac{243}{128}\omega\right)$.注意到谐波次数愈高，其振幅愈小，因此可以说，G 和弦是在 B 音频率上表现出和谐，我们称 B 音为 G 和弦之和谐特征音.

以上算法归纳为：

(1) 写出 G 和弦的三个音：$\frac{3}{2}$，$\frac{243}{128}$，$\frac{9}{4}$.

（2）特征音频率为：$\dfrac{\text{分子 } 3,243,9 \text{ 的最小公倍数}}{\text{分母 } 2,128,4 \text{ 的最大公约数}}=\dfrac{243}{2}$．若不计八度之差别，它就是 G 和弦的三音——B 音．

（3）用特征音频率分别去除 3 个音的频率并相加便得到 G 和弦的和谐密度．

对其他和弦计算如下（在特征音下画横线，并用方括号表示最小公倍数，圆括号表示最大公约数）.

C 和弦 C－E－G：$1,\dfrac{81}{64},\dfrac{3}{2}$；特征音频率 $=\dfrac{[1,81,3]}{(1,64,2)}=81$，即 E 音；和谐密度 $\dfrac{1}{81}+\dfrac{1}{64}+\dfrac{1}{54}$．

F 和弦 F－A－C：$\dfrac{4}{3},\dfrac{27}{16},2$；特征音频率 $=\dfrac{[4,27,2]}{(3,16,1)}=108$，即 A 音；和谐密度 $\dfrac{1}{81}+\dfrac{1}{64}+\dfrac{1}{54}$．

D 和弦 D－F－A：$\dfrac{9}{8},\dfrac{4}{3},\dfrac{27}{16}$；特征音频率 $=\dfrac{[9,4,27]}{(8,3,16)}=108$，即 A 音；和谐密度 $\dfrac{1}{96}+\dfrac{1}{81}+\dfrac{1}{64}$．

E 和弦 E－G－B：$\dfrac{81}{64},\dfrac{3}{2},\dfrac{243}{128}$；特征音频率 $=\dfrac{[81,3,243]}{(64,2,128)}=\dfrac{243}{2}$，即 B 音；和谐密度 $\dfrac{1}{96}+\dfrac{1}{81}+\dfrac{1}{64}$．

A 和弦 A－C－E：$\dfrac{27}{16},2,\dfrac{81}{32}$；特征音频率 $=\dfrac{[27,2,81]}{(16,1,32)}=162$，即 E 音；和谐密度 $\dfrac{1}{96}+\dfrac{1}{81}+\dfrac{1}{64}$．

B 和弦 B－D－F：$\dfrac{243}{128},\dfrac{9}{4},\dfrac{8}{3}$；特征音频率 $=\dfrac{[243,9,8]}{(128,4,3)}=1\,944$，即 B 音；和谐密度 $\dfrac{1}{1\,024}+\dfrac{1}{864}+\dfrac{1}{729}$．

增三和弦 F－A－$^\sharp$C：$\dfrac{4}{3},\dfrac{27}{16},\dfrac{2\,187}{1\,024}$；特征音频率 $=\dfrac{[4,27,2\,187]}{(3,16,1\,024)}=4\times2\,187$，即 $^\sharp$C 音；和谐密度 $\dfrac{1}{3\times2\,187}+\dfrac{1}{81\times64}+\dfrac{1}{2\times2\,048}$．

七和弦 C－E－G－B：$1,\dfrac{81}{64},\dfrac{3}{2},\dfrac{243}{128}$；特征音频率 $=\dfrac{[1,81,3,243]}{(1,64,2,128)}=243$，即 B 音；和谐密度 $\dfrac{1}{243}+\dfrac{1}{192}+\dfrac{1}{162}+\dfrac{1}{128}$．

分析这些计算结果，我们有以下结论：

129

（1）按和谐密度排列是：大三和弦，小三和弦，七和弦，B 和弦（减三和弦），增三和弦．大、小三和弦的和谐密度相差不大，且远高于其他和弦，因此称大、小三和弦为协和和弦，其他为不协和弦．大三和弦和谐密度略高于小三和弦，因此其色彩有明亮与暗淡之分．

（2）大三和弦的和谐特征音是三音．按特征音的稳定性排列是：C－E－G，F－A－C，G－B－D．即主和弦最稳定，下属和弦次之，而属和弦最差．

（3）小三和弦的和谐特征音是五音，按稳定性排列是：A－C－E，D－F－A，E－G－B．

（4）将大、小三和弦作横向比较，即按和谐特征音是否相同分类：

大三和弦 $\Big\{$ Ⅰ．C－E－G $\Big|$ Ⅳ．F－A－C $\Big|$ Ⅴ．G－B－D

小三和弦 $\Big\{$ Ⅵ．A－C－E $\Big|$ Ⅱ．D－F－A $\Big|$ Ⅲ．E－G－B

这与该丘斯的理论是完全一致的：A 和弦常视为 C 和弦之扈从者，常用以替代之；D 和弦之功能同 F 和弦，E 和弦近似于 G 和弦，作为 G 和弦的隶属和弦．

和谐原则对于十二平均律则完全无效．十二平均律改变了五度律十二声音阶有两个半音的情况，使相邻音之比都是 $2^{\frac{1}{12}}$．如果制成七声音阶则每个全音恰等于两个半音．由于任意两音之比为 $(2^{\frac{1}{12}})^m$ —— 除八度外都是无理数，因此两个音的傅里叶级数展开中没有相同频率的谐波，无和谐性可言．十二平均律的特点是其音列成为封闭的，十二声音阶的每个音按照比值 $2^{\frac{1}{12}}$ 上升或下行若干次都不会产生新的音（不计八度），永远是这十二个音．而我们知道在五度律中，五声音阶发展成七声音阶，再发展成为十二声音阶，等等，只要按 3∶2 发展下去总不会产生重复的音．从这一点看，十二平均律的音列的封闭性造成了音的简单性，由于只有一种半音，升降号也可以只使用一种．朱载堉等人称此为"相生有序，循环无端"，"周而复始，还原返宫"．这种音阶对于器乐中的转换调性是非常便利的．这便是十二平均律舍弃和谐性选择音列封闭性的结果．自然我们要问：按艺术效果的要求，"和谐"与"封闭"孰轻孰重呢？

有这样的现象，人们在赞扬十二平均律的优点时往往对它的不协和性采取容忍态度，认为这点微小的差别是不足道的（十二平均律半音与自然半音之相对差是 0.563%，与变化半音之相对差是 0.794%），是人耳难以分辨的，而当谈到艺术天赋时则又认为具有高度音乐修养的听力可以感觉到音高的任何微小差别．这种从科学角度看来是矛盾的现象只能用艺术本身的规律来解释．在视觉艺术中，数学的黄金分割律、几何图形的对称性、投影原理等大量被接受和采纳，但毕竟也有完全不符合任何自然科学原则的优秀美术作品．我们看到，五度律以完全的和谐原则为基础；为了构成大小调式，纯律不惜稍微削弱和谐原则（它由自然数 1，2，3，5 生成，不是最简单的）；而十二平均律则完全放弃和谐原则，它将艺术变成了一道没有物理意义的纯粹数学题，它不使用任何自然数而是用无理数来表示音高比值.由数学史知道,无理数的产生远远晚于自然数的产生,人类对无理数的认识几经起落,无理数理论只是在 19 世纪末才算完全确定,距今不到 100 年!音乐中三律并行的状况正反映出科学在艺术活动中的地位:一方面科学向艺术提供种种依据;另一方面艺术也毫不客气地随意修改或抛弃某些科学原则,虽然这在科学本身是不可思议的.

数学与诗①

茹可夫斯基说过,数学中有像诗画那样美丽的境界. 那么让我们来看看数学家和诗人是怎样各自描述他们自己和他们所钟爱的事业的. 下面这一组英文填充题,要填的不外乎 mathematics(数学)、mathematician(数学家)等,或 poetry(诗)、poem(诗)、poet(诗人). 原句均是著名数学家和著名诗人的名言. 可能你会从这些人名判断出相应句子的空格中应填上什么. 但建议你不妨换一个试试看,句子的意思是不是还很顺当. 这能不能说明数学与诗之间有某种相似性呢?(填充答案在本文后.)

(1) _____ is the art of uniting pleasure with truth.

—Samuel Johnson

(2) To think is thinkable—that is the _____ 's aim.

—Cassius J. Keyser

(3) All _____ [is]putting the infinite within the finite.

—Robert Browning

(4) The moving power of _____ invention is not reasoning but imagination.

—A. DeMorgan

---

① 本文摘自《自然杂志》第 16 卷(1993 年)第 3 期,作者乔安妮 · S.格罗奈.

(5)When you read and understand _____,comprehending its reach and formal meanings,then you master chaos a little.

—Stephen Spender

(6) _____ practice absolute freedom.

—Henry Adams

(7)I think that one possible definition of our modern culture is that it is one in which nine-tenths of our intellectuals can't read any _____.

—Randall Jarrell

(8)Do not imagine that _____ is hard and crabbed,and repulsive to common sense. It is merely the etherealization of common sense.

—Lord Kelvin

(9)The merit of _____,in its wildest forms,still consists in its truth; truth conveyed to the understanding,not directly by words,but circuitously by means of imaginative associations,which serve as conductors.

—T. B. Macaulay

(10)It is a safe rule to apply that,when a _____ or philosophical author writes with a misty profundity,he is talking nonsense.

—A. N. Whitehead

(11) _____ is a habit.

—C. Day-Lewis

(12)…in _____ you don't understand things,you just get used to them.

—John von Neumann

(13) _____ are all who love—who feel great truths And tell them.

—P. J. Bailey

(14)The _____ is perfect only in so far as he is a perfect being,in so far as he perceives the beauty of truth;only then will his work be thorough, transparent,comprehensive,pure,clear,attractive,and even elegant.

—Goethe

(15)…[In these days] the function of _____ as a game… [looms]larger than its function as a search for truth…

—C. Day-Lewis

(16)A thorough advocate in a just cause,a penetrating _____ facing the starry heavens,both alike bear the semblance of divinity.

—Goethe

(17) _____ is getting something right in language.

—Howard Nemerov

《数学与诗》答案：

(1)Poetry;(2)mathematician;(3)Poetry;(4)mathematical;(5)a poem;

(6)Mathematicians;(7)poetry;(8)mathematics;(9)poetry;

(10)mathematician;(11)Poetry;(12)mathematics;(13)Poets;

(14)mathematician;(15)poetry;(16)mathematician;(17)Poetry

埃舍尔作品的数学趣味①

荷兰著名画家埃舍尔（M. C. Escher）无疑是将科学与艺术完美结合的典范. 他的作品趣味无穷, 令人赏心悦目, 是数学艺术的奇葩. 人们从中惊叹他的丰富想象力, 往往忽略了其数学内涵, 而这恰恰是他创作的动机.

埃舍尔 1898 年出生在荷兰洛瓦当的一个水利工程师家庭. 在中学里, 埃舍尔并不是一个好学生, 两次留级, 只有绘画的成绩还好一点. 1919 年, 他进入哈勒姆的建筑与美术学校学习建筑, 后又改学绘画. 埃舍尔受到严格训练, 很快掌握了木刻技术. 开始时的职业是风景画家, 1937 年以前, 他描绘意大利南方和地中海沿岸的城市和乡村风光, 也有少量的肖像画和动植物画. 如果他在这方面继续努力下去, 很可能在同时代的版画家中寻得一席体面的地位. 可是不久埃舍尔的作品开始心理化, 不再只从外部视觉中吸取美感, 而热衷于对规律性、数学结构、连续性、无限性以及画面潜在冲突的追求. 他在一条前人没有走过的路上辛勤地探索着, 于是当时的评论界对他失去了热情, 他的画也卖不出去, 知音寥寥无几. 然而埃舍尔非常沉着, 无视周围的压力而继续他的追求. 到了 20 世纪 50 年代, 许多数学家、晶体学家、物理学家对他的作品产生了浓厚兴趣, 他们从中看到了某些定律的再现. 于是, 他的作品被高价抢购, 刊登在各种科技类书籍杂志上, 受到热烈的赞扬. 美术评论界也先

①　本文摘自《科学》第 56 卷（2004 年）第 3 期, 作者王庚.

倨后恭起来.

1970 年,他住在勒昂的一个艺术家协会里.在那里,年老的艺术家都有自己的画室,免费享受一切.1972 年 3 月 20 日,埃舍尔在那里与世长辞,终年 74 岁.

一、麦比乌斯带

从埃舍尔的构思和创作中可以看出他是一个思维的人,其作品的几何学特性体现了很多数学概念:无穷大、相对性、反射与反演,以及一个三维物与其在二维表面上的绘图之间的关系等.最重要的是对称概念,是他作品的核心.四种对称和相似性,连同对无穷大的无休止强烈爱好,成为他作品的实质.

《麦比乌斯带 I》(图 1)是埃舍尔非常著名的木刻作品.19 世纪德国数学家麦比乌斯第一次应用这种带子是为了表明拓扑学上的一些观点.制作最简单的麦比乌斯带,只需用一根很长的长方形纸条把一头扭转 180° 与另一头粘起来即可.于是,这条带子只有一条边和一个面.就是说,若想在这条带子的"外面"涂颜色,结果却把整条带子的"内外"都涂上了颜色.用数学语言说,这便是单侧曲面的单侧性.

在《麦比乌斯带 II》(图 1)中,九只大蚂蚁爬在这条带子上,如果沿着蚂蚁的路线找下去,只能找到一个面.如果沿带子的纵向中央将其一剪为二,许多人认为这将分离为两条带子,然而不,带子没有分离,仍然只有一条,只是长了许多而已.但是,如果沿着距纸带一条边三分之一宽度远的直线纵向剪开一个麦比乌斯带,便得到两个缠绕在一起的环:一个是真正的麦比乌斯带,另一个是有两个半纽结的二面环!难怪麦比乌斯带已成为能够想到的最诱人的数学创造物之一,一种秘密完全隐藏在其缠绕表面之后的几何魔术成果中.

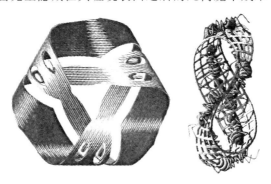

图 1   麦比乌斯带 I,II

埃舍尔是在与一位英国数学家的一次偶然相见之后,才开始注意麦比乌斯带的,可惜他后来忘记这位数学家是谁了.这次偶然会面显然很富成果,激励了埃舍尔的创作热情. 埃舍尔爱好形状怪诞的图案, 他的作品中充满了生命: 在《麦比乌斯带 Ⅱ》(图 1)中是大蚂蚁; 而《麦比乌斯带 Ⅰ》(图 1)中, 一对抽象动物(可能是蛇)沿着看似分开的麦比乌斯带的两个部分互相追逐; 还有一个由正好互为镜像的两组(深色和浅色)骑马人组成的队列, 两组骑马人沿着一条扭曲的环形带的两个面朝相反方向行进(《骑士图》)(图 2), 这也是一条真正的麦比乌斯带, 但它有两个面和两条边; 事实上, 当沿着中心线纵向剪开单面麦比乌斯带时, 得到的东西就是它. 将矩形带扭转 360° 之后把其两端连接起来, 也可以得到它. 为了增加复杂性, 《骑士图》(图 2)中的带子在图画的中心连接起来, 从而接通了两个分开的面, 使这两组马能够相遇. 埃舍尔是一个天才, 他擅长刻画生活中模棱两可或出乎意料的事情, 数学的麦比乌斯带为他的艺术创作才能找到了一片肥沃的土地.

图 2　骑士图

二、无止境的循环

埃舍尔与无穷大有关的作品分成三类: 无止境循环; 平面的规则分割; 极限.

在"无止境循环"中, 埃舍尔通过在二维画布上画出永恒运动这个使现实世界中一代代发明家和空想家感到困惑的东西, 表现了他对节奏、规律性和周期性的强烈爱好. 这些图画总是使用某种精妙的螺旋图案或者隐藏的"秘诀", 体现着某些奇异风格, 好像埃舍尔喜欢取笑自然规律一样. 用他自己的话说: "我禁不住嘲笑我们所有不动摇的必然性, 比如说, 故意地混淆二维和三维、平面和空间, 或者取笑万有引力, 是一种极为有趣的事." 我们已经看到他如何使用麦比乌斯带的拓扑特性, 描绘一队骑马人或者一群在无止境的循环中互相追逐的大蚂蚁. 在版画作品《瀑布(永恒运动)》(图 3)中, 他巧妙地改变了建筑物轮廓的形状, 结果呈现出一种荒诞的情景: 一股水流沿着一条封闭的环行道无止境地流着. 水从左上方倾倒下来, 推动了轮子, 然后水在水渠里继续流动. 是往上流,又好像是平着流.终于水又回到了原地,再次从上面倾倒下来推动轮子.就这样,埃舍尔在二维世界里实现了一种以自身能量为能源的机器的"永恒运动".在版画作品《上升和下降》(图4)中,埃舍尔精心使用了透视画法规律,画出一队爬上楼梯的士兵;他们一直往上爬,结果却发现回到了出发点!有人还为士兵们制作了台词,士兵们说:"是的,是的,我们往上爬呀爬呀,我们想象我们在上升;每一级约十英寸高,十分使人厌倦 —— 它到底会把我们带到哪里?哪里也没有去;我们一步也没走远,一步也没升高."

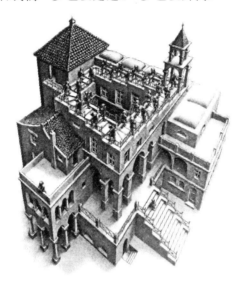

图3　瀑布(永恒运动)

图4　上升和下降

三、平面的规则分割

"平面(在有些情况下是空间)的规则划分",已经成为埃舍尔的标志.无休止地重复单一的基本图案,不重叠也不留任何空白的可能性,向他提出了一个无法抗拒的挑战:"它仍然是一个极有吸引力的活动,一种我已经上瘾的真正癖好,而且我有时发现很难使自己离开它."但是,与他受到极大启发的伊斯兰图案不同的是,埃舍尔的基本图案很少是抽象的.相反,它们是可以辨认的事物——人、鸟、鱼和取自日常生活的无生命物体.埃舍尔在下面的话中表达了他对纯粹抽象的厌恶:"摩尔人是使用全等图形填充一个平面的大师……伊斯兰教禁止画'图像'.在他们的棋盘镶嵌术中,他们只把自己局限于有抽象几何形状的图形……我发现这种限制格外令人难以接受.正是我自己的模式成分的可辨认性,才是我对这个领域的兴趣从未停止的原因."

埃舍尔以具体的、可辨认的物体描绘数学概念的能力,可能是他最大的天赋.例如,可以比较一下《珀加索斯》和《骑马的人》(图 5),前者是公元前 6 世纪的希腊图案(珀加索斯是希腊神话中生有双翼的飞马);后者出自埃舍尔之手.这两幅图正好属于相同的对称群,两幅图都允许两次平移:一次沿着每一行,另一次横跨两行.希腊图案尽管从美学角度讲令人喜爱,但不是特别有趣;而埃舍尔的图案因为有一系列填充整个图形的"珀加索斯",而显得生动活泼.更仔细地观察,可以发现每一匹黑色的"珀加索斯"周围有四匹相同的反向白色"珀加索斯",反之亦然!事实上,这幅画可以用两种同样有效的方法解释:在白色背景下飞行的黑色"珀加索斯";或者是在黑色背景下飞行的白色"珀加索斯".这说明了埃舍尔喜爱的另一个主题——对偶性.《骑马的人》通过精心使用对称原理而得到对偶效果:两匹上下相邻的"珀加索斯"(不管是黑色的还是白色的)之间的"空白"空间正是同一匹"珀加索斯"的复制品——只是颜色相反.

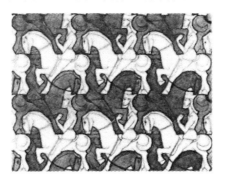

图 5 骑马的人(平面的规则划分 Ⅲ)

四、极限

"极限"——表达埃舍尔对完整无缺的无穷大符号的渴望:他试图找到一种方法即从中心向外部的不断缩小过程来体现无穷.所幸的是他从加拿大几何学家考克塞特(H. M. Coxeter)的著作《几何学导论》的插图中找到了这种方法.从理论上说考克塞特的插图与庞加莱的非欧几何学模型有关,埃舍尔却立刻认识到了它的美学价值.通过考克塞特的插图,埃舍尔演绎出了四种最成功的作品.埃舍尔本人对作品《圆的极限 Ⅲ》(图6)是这样评述的:"在彩色木版画《圆的极限 Ⅲ》中,《圆的极限 Ⅰ》中的缺点大部分被克服.我们现在只有'直通'系列,而且属于一个系列的所有鱼都有相同的颜色,并且沿着一条从一边到另一边的圆形路线首尾相连游动.离中心越近,它们变得越大.为了使每一行都与其周围形成完全的对比,需要四种颜色.当所有这些成串的鱼像来自无穷远距离的火箭,以角从边界射出并且再次落回到它射出的地方时,没有任何单个的成员到达边缘.因为边界是'绝对的虚无'.然而,如果没有其周围的空虚,这个圆形的世界也不会存在.这不仅仅是因为'内部'的先决条件是'外部',而且还因为正是在这个'虚无'的外部,建立起这个框架的弧的中心点以几何的精确性被确定在那里."

其他任何人能如此简洁地表达庞加莱模型的实质吗?埃舍尔给考克塞特寄去一份《圆的极限 Ⅲ》,然而考克塞特的答复令他困惑不解:"我收到一封来自考克塞特的关于我送给他的彩色鱼画的满腔热情的信.他花了三页解释我实际做了些什么 …… 十分可惜的是我什么也不懂,绝对丝毫不理解这些解释 ……"考克塞特曾经请埃舍尔听他的一个关于非欧几何学的讲演,并且相信他能够跟上这个话题.然而,考克塞特的努力仍未达到目的,从埃舍尔的话中可以推测出这一点.

图 6　圆的极限 Ⅲ

双色木刻作品《圆的极限 Ⅳ》(图7)是埃舍尔心目中的 L^2(罗巴切夫斯基

平面),这是根据考克塞特的建议画的图,图中的黑色魔鬼与白色天使嵌满了整个面,这些黑魔鬼看起来大小不同,但长度都是合同的,白天使也一样.数学家证明过,罗氏几何中没有相似形,凡相似者必合同,从埃舍尔的画里看得很清楚.人们通常用欧几里得的概念来作罗巴切夫斯基平面的模型,不过其中"距离"和"直"这些基本概念要重新理解.称这个模型为 L^2,其中上标'2'指空间的维数.("L^2"读为"L2",不是"L 的平方".)在欧几里得平面 E^2 上,L^2 有两种标准的表示法,即射影模型和保形模型(保角模型).在这两种情况下 L^2 都是以 E^2 中的圆盘——单位半径的圆的内部来表示的.依照射影模型,罗巴切夫斯基几何中的"直线"是用弦来表示的,即通过圆盘的一段直线,它在 E^2 中是直的.依照保形模型,罗巴切夫斯基的"直线"画成通过圆盘的弧,对于 E^2 的几何来说,它是圆弧,并与 S^1(即圆周)相交成直角.圆盘内两点 A,B 之间的罗巴切夫斯基"距离"可用一个简单的公式给出,值得注意的是,它在每个模型里都具有几乎完全一样的形式.

图 7　圆的极限 Ⅳ

虽然射影模型具有明显的优点,即把罗巴切夫斯基的"直线"描绘正确,但保形模型却具有稍微精细些也许是更有意义的优点,即能把罗巴切夫斯基"角"描绘正确.它有使微小的图形不受歪曲的效果,只要在每一点作适度的放大即可.还有,在这个模型里罗巴切夫斯基"圆"总是正确地描绘为圆.埃舍尔作过一些非常优美的木刻,用惊人的方式说明这些事实(插图《圆的极限 Ⅳ》正是其中之一),是 L^2 的保形模型的精确表示(作这些图的想法是考克塞特建议的).注意靠近边缘的地方虽然图形变得非常小而拥挤,其形状仍然大致保持不变.每个图形被检查的部分愈小,其形状保持得愈好.这就是保形表示的意义:任意小的图形精确保形,只是尺度不同.

罗巴切夫斯基世界是个无穷大的世界.《圆的极限 Ⅳ》中的每个魔鬼都有相等的罗巴切夫斯基面积,并有无穷多个魔鬼.边界圆周 S^1 表示 L^2 的无穷远.

五、奇幻的想象世界

最后,再来欣赏一下埃舍尔的两幅奇特的版画:《白昼与黑夜》(图 8) 和《另一个世界》(图 9).《白昼与黑夜》是一张博得广泛声誉的木刻作品. 作品上方是

图 8　白昼与黑夜

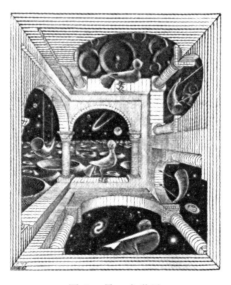

图 9　另一个世界

黑、白相错的菱形土地. 目光投向上方,土地变成了鸟,黑鸟和白鸟互相填补. 左边的白昼风景正好是右边黑色风景的反射. 从左至右是白昼到黑夜的渐变过程,从下至上是土地到飞鸟的渐变过程. 十分巧妙的是白鸟和黑鸟的外轮廓是互为连接、紧密排列的,各向相反的方向飞去. 对称形的构图颇有装饰味,画面既美又耐人寻味,似乎可以从中领会到生物与天地不可分割的关系以及自然嬗

变的交替与循环.《另一个世界》似乎是在宇宙飞船上所看到的星空景象,但又像置身于一间梦幻般的古旧建筑物中.房子有三个不同的视点,房间的中心既像房间上半部的底点,又像房间下半部的顶点.从三个不同角度看房子外面的景色 —— 好像是月球上的环形山及宇宙星空.窗口的人头鸟和类似牛角的东西更增添了画面的神秘感.

埃舍尔的版画展现着一个神奇的世界、一个神秘莫测的谜.他的作品给予我们的不仅是美感,还能使人们从错觉中得到想象、发现和启示(即"数学趣味").科学家们(特别是数学家)甚至可以通过埃舍尔的画找到自己设想的概念或原理,也就不足为奇了.

[1] 马奥尔.无穷之旅 —— 关于无穷大的文化史.王前等,译.上海:上海教育出版社,2000.

[2] 张楚廷.数学文化.北京:高等教育出版社,2000.

[3] 霍夫斯塔特.GEB—— 一条永恒的金带.乐秀成,编译.成都:四川人民出版社,1984.

[4] 易南轩.数学美拾趣.北京:科学出版社,2002.

京都弦学之会记[①]

世纪之初,仲夏七月.四方学者,远渡扶桑,会同两京俊彦,聚于旧都,谈弦[1]入微,论天修道.江口[2]逢迎,大栗[3]引路.卫腾[4]说法,鲁士[5]颂弦.史公[6]宏道,威化[7]献工,问宇称超凡,费玻二子何时可对[8].究矩阵模式[9],宏观场论[10]何时可用.费海[11]翻腾,众士尤争新意.质子衰变[12],时空岂能无定.士才五百[13],敢揭太初之谜.弦仅十七[14],却奏和乐之章.喜真理之渐明,启大道于未央.遂颂其事如左.

美哉山川,壮哉民智.葱葱竹林,郁郁松树.渺渺白云,巍巍古寺.浪涛如涌.列屿似链[15].日升东海之端,僧参禅宗之义.供众神于长庙兮记天竺之故事,奉大佛于奈良兮传盛唐之遗意[16].金阁辉煌,银阁雅致.彰帝国之朱华[17],赏风月之无边.清水寺上,般若经台.望月楼头,歌宴舞榭.高塔以望远兮临深池之倒照.展砂石之古朴兮醉园林之禅意.溪水潺流,微雨纷飞.暮鼓晨钟,犹是千古流风.夙兴夜寐,尚在大和魂中.岂无玄想,冥思高山之巅.岂乏知音,切磋小湖之边.核力介传,汤川[18]所钟.量化重整,朝永[19]所工.高木[20]西访,掇数学之明珠.小平[21]东渡,宏几何之大观.吁嗟乎壮哉,日出之国.维新未远,已固众学之基.二战仓皇,尚求造物之渊.惜乎共和虽在,王道稍微.纵九天光华,难释友邻苦衷[22].算佛法慈悲,犹待众生普度.水深兮鱼乐,林茂兮鸟鸣.岂圣哲之所宗,无以敦友邦[23].抑科学之所加,

---

① 本文摘自《科学》第 57 卷(2005 年)第 2 期,作者丘成桐.

非以睦斯民[24].奚不宏忠厚以为教,觅无怨以为基[25].喜莫喜兮欢乐共,乐莫乐兮真理通.祝友谊之永固兮盼来者之可追,实吾心之所善兮无日夜其忘之.

夫宇宙之多容,自远古而恒变,光阴之长流,结天地其未分.何太初之渺渺,须臾而生万象[26].抑原爆之洪洪,余波[27]犹振天际.大哉美哉,引力之场.无远而弗届,积小而定天.长空漫漫,星河灿灿,聚尘埃兮生辉,重自身兮湮灭[28].何曲率之盈盈,观流光而睹乙象[29].黑物[30]冥冥,灌大空其犹未识.浩浩乎,大块犹涨[31],频动谱红[32].赫赫乎,星河互冲,云卷天崩.星旋何急,波引何柔[33].白热为心,银汉肆其胜张.黑洞为疆,时空岂其未伤[34].渺兮困兮,宇宙之数[35],结构之谜.远兮茫兮,诸天之道,众物之途.人世杳杳,天道悠悠.星河亿兆,生机唯地可寻.物象万千,理念舍人难释[36].惟光之恒速,未关乎观者[37].质之换能,溯源于相对[38].既得乎等价之义,相对之则.何可却曲率为力,几何为基[39].小则测光子之途,大则观拓扑之变[40].穷数理之所能,犹惑大千泰否.苟真相之可知,虽九死其何可悔.

地极有磁,云阴有电.性分宁疾,宛若参商.何生何属,何连何结.光子为媒[41],方程为姻[42].电何生辉,法则有源.磁独有偶,单极难求[43].力场有势,规范是依.宇称为圆,拓扑载荷[44].善引力之不如,万物方其有踪[45].苟光阴之能虚[46],磁电孰其可分[47].既基础之已知,岂任用之难期.电流机转,磁浮车飞.声传万里,减却相思无数.线结千山,尽见灯火如聚.何百载科研,泽民若是[48].怅人间寒热,扶持优待.

奇哉妙哉,量子之学.融波分成粒,见波兮知机[49].山巅未成其障[50],鬼神岂准其测[51].何相对之量化,知电子能反,微子自旋[52].唯电子跃跳,使周期可解[53].分子成结.物律富于畴昔,新意解得旧谜.道有阴阳,力分强弱.弱力玻传,衰变能识左右[54].强力缪坚,色动犹有璨昧[55].何天下之至微,囿于至细,三份始克成粒[56],三家适可成象[57].嗟微子之多元,叹宇称之能规.范群不换,万象始知纯美[58].质量其何,众士犹觅真意[59].场论早成规矩,实验若合符节.岂三力之齐一,实造物之有常.何量化之难求,抑引力之未卜[60].唯至小能窥大,因至美而知真.道湛湛其深妙,遂千古之所宗[61].

使微子为弦,振动如音[62].行踪翻成曲面,量化始知共形[63].费玻同列[64],积分竟其可驯[65].真空微扰,引子自然而生[66].十维时空,弦学始其不迷[67].四力齐驱,几何示其大观[68].微空卷曲,拓扑为质.何理论之多形,对偶系而为一[69].实真空之众繁[70],基础未知唯象,造物宏图,未可窥于一旦.筹学妙处,庶几传诸永世[71].路漫漫其修远,吾将上下而求索.

嗟夫,弦会已矣,哲人归去.西国科研,未融中土.东亚心学,犹在佛儒.多人事兮众心负荷,小物理兮万象无常.未究本源,奚以知物性而通造化.未知物性,何以制万象以泽斯民.曷不寄心基处之学,置身自然之中.苟真美之可知,孰天人之难合[72].

信京都之琼美兮,吾实爱乎故乡.山岳峨峨,大漠茫茫.长河莽莽,东海苍苍.何国土之芬芳兮叹山河之壮丽.吾先君之所居兮祖苗裔之所息.居异域而怀乡兮身一载而九还[73].登高露以远望兮国中兴以向荣.祈天之纯命兮广我百姓视听.祷地之所给兮足我民族立命.盼士之志洁兮孰德言之可芜,惟心无际涯兮实东西之可融[74].享我国魂兮,真美是献.

—— 二〇〇四年三月二十九日

1. 指起于 1987 年的超弦理论.

2. 江口,日本理论物理学家 Eguchi.

3. 日裔理论物理学家 H. Ooguri.

4. 美国理论物理学家、1990 年菲尔兹奖获得者 E. Witten.

5. 美国理论物理学家、2004 年诺贝尔奖获得者 D. Gross.

6. 美国超弦理论学家 A. Strominger.

7. 伊朗裔美国超弦理论学家 C. Vafa.

8. 费玻二子指费米子(Fermion)和玻色子(Boson),前者服从费米统计,数学上用反对易的费米数来描写,后者服从玻色统计,用普通数描写之.当二者对称地出现理论中时,场论或弦论可出现超对称.

9. 矩阵模型.

10. 弦论的低能有效理论是非微扰场论.

11. 指费米子海,是 1929 年狄拉克引入的相对论性量子真空观念.

12. 质子衰变实验,是检验强—电—弱大统一理论的实验.理论预言质子寿命在 10^{32} 年以下,而实验却发现在 10^{32} 年以上,此事至今为悬案.

13. 约五百人参加日本京都弦论会议.

14. 会议安排日本音乐家演奏 17 弦线之日本歌.

15. 京都风景优美,令人神往.

16. 在唐代佛学由中国传到日本.在日本留下许多寺庙、佛像.

17. 京都是日本的故都.

18. 汤川秀树,日本理论物理学家,约于 1935 年提出由介子传播核力的理论,于 1949 年获诺贝尔物理学奖.

19. 朝永振一郎,日本理论物理学家,约 1947 年首创量子电动力学的重整化理论,1965 年获诺贝尔物理学奖.

20. 日本数学家高木贞治早年在德国留学,回日本后发展希尔伯特的类域论,成为代数数论的重要一章.

21. 小平邦彦,日本数学家.二战后到普林斯顿访问,对大范围几何特别是复几何有突破性的贡献.于 1954 年获得菲尔兹奖.

22. 日本二战期间对邻国造成的痛苦,尚未得到谅解.

23. 中日两国文化背景相似,认同这个背景易和睦相处.

24. 发展科学有利于社会的和谐.

25. 中国传统文化中忠厚、宽容(恕)是非常基本的观念.

26. 宇宙始于 137 亿年前的大爆炸.

27. 微波背景辐射.

28. 星体质量凝聚到一定程度演变成黑洞.

29. 引力透镜效应.

30. 指弥漫和充斥在宇宙中的暗物质.

31. 宇宙在膨胀,近几年的观测建议宇宙在加速膨胀.

32. 宇宙学红移或哈勃红移,由于宇宙膨胀而导致的红移.

33. "星旋"指星系的旋转,"波引"指引力波.

34. 黑洞是时空视界,含时空奇点.

35. 宇宙常数是很小的正数(存在暗能量)是目前的基本难题.

36. 宇宙中星系繁多,今只在地球上发现生命.而宇宙学理论都是人类创造.

37. 光速不变原理,狭义相对论的基本原理之一.

38. 相对论预言了质能关系:$E = mc^2$.

39. 爱因斯坦用几何奠定了广义相对论的基础:等效原理是广义相对论的基本原理之一.基本方程由局域不变性等要求导出,力用曲率表示,其优美和深刻令人惊叹.

40. 确定光的轨迹和时空的大范围性质等都要用几何.

41. 光子是传播电磁相互作用的基本粒子,是以圆群为规范群的规范场.

42. 麦克斯韦方程组将电、磁统一,是描述电磁相互作用的基本方程.

43. 到目前为止,磁单极子仍然只是理论预言.

44. 拓扑上的非平凡空间可给出物理上的荷.

45. 引力在和电弱尺度相比很小的尺度下才起作用,这样物质才可以动.

46. 指场论中的 Wick 转动,把时间虚化,带来许多方便.

47. 若在物理上时间真是虚的,电磁就不可分辨了.

48. 电磁学给人类带来许多应用,改变了我们的生活.

49. 量子力学中波函数可以解释为概率.

50. 量子隧道效应,经典解若非最低能量态在量子系统都是不稳定的.

51. 测不准原理,也即(海森伯)不确定性原理.在小尺度下,坐标和动量无法同时被确定.

52. 相对论量子力学预言了粒子自旋和反粒子的存在.

53. 化学中的周期表可以用电子跃迁解释.

54. 弱相互作用通过交换中间玻色子传递,此时左右对称性破缺.

55. 量子色动力学是描述强相互作用的基本理论,通过 μ 子传递相互作用.夸克带色、味两种量子数.

56. 指量子色动力学 SU(3) 规范对称性.

57. 粒子物理标准模型包含三代夸克和三代轻子.

58. 杨 — Mills 的规范不变性是基本粒子标准模型的基础.

59. 基本粒子的质量计算有很大的人为性,希望能从更深的理论导出.

60. 在前面三种物质场中,引力是作为背景场出现的,未考虑其量子化.引力的量子化对于研究极小尺度(普朗克尺度)是至关重要的.

61. 电、弱、强相互作用统一在以规范场为基础的标准模型下,堪称人类认识自然的典范.

62. 在弦论中粒子由弦的振动模式描述.

63. 弦在时空中的运动轨迹画出一两维曲面,其上的理论只和曲面的形状有关,与大小无关,这即所谓两维共形场论.

64. 在弦论中引入超对称,玻色子与费米子处于对称地位,此谓超弦理论.

65. 困扰科学家的量子场论中的无穷大问题因点粒子用弦代替而解决.

66. 引力自然出现在弦理论的自洽性条件中.

67. 超弦理论在十维时空才是自洽的.

68. 弦理论的最初动机是强相互作用的模型,后人们意识到它是统一四种相互作用的合适理论.

69. 人们于1995~1996年发现了弦的非微扰态,由此得到五种微扰弦理论是相互等价的,此谓对偶.

70. 弦理论中出现繁多的真空态,这对应用弦理论到具体的物理模型中带来很大的困难.

71. 丘先生发现的 Calabi — Yau 空间,初为数学中一美妙结果,后成为弦理论内禀空间的主要模型.弦论作为引力的量子理论,和数学密不可分.

72. 不重视基础研究,民心将鲁钝,社会将腐化,不利于国家的发展.

73. 丘先生每年都回国讲学许多次,为发展中国的学术事业竭尽全力.

74. 融合东西文化,不应带有任何偏见,宜以宽广胸怀去芜存精.

数学与中国文学的比较^①

很多人会觉得我今日的讲题有些奇怪,中国文学与数学好像是风马牛不相及,但我却讨论它.其实这关乎个人的感受和爱好,不见得其他数学家有同样的感觉,"如人饮水,冷暖自知".每个人的成长和风格跟他的文化背景、家庭教育有莫大的关系.我幼受庭训,影响我至深的是中国文学,而我最大的兴趣是数学,所以将它们做一个比较,对我来说是相当有意义的事.

中国古代文学记载最早的是诗三百篇,有风雅颂,既有民间抒情之歌,朝廷礼仪之作,也有歌颂或讽刺当政者之曲.至孔子时,文学为君子立德和陶冶民风而服务.战国时,诸子百家都有著述,在文学上有重要的贡献,但是诸子如韩非却轻视文学之士.屈原开千古辞赋之先河,毕生之志却在楚国的复兴.文学本身在古代社会没有占据到重要的地位.司马迁甚至说:"文史、星历,近乎卜祝之间,固主上所戏弄,倡优畜之,流俗之所轻也."一直到曹丕才全面肯定文学本身的重要性:"盖文章,经国之大业,不朽之盛事."即使如此,曹丕的弟弟曹植却不以为文学能与治国的重要性相比.他写信给他的朋友杨修说:"吾虽德薄,位为蕃侯,犹庶几戮力上国,流惠下民,建永世之业,留金石之功.岂徒以翰墨为勋绩,辞赋为君子哉."

至于数学,中国儒家将它放在六艺之末,是一个辅助性的学问.当政者更视之为雕虫小技,与文学比较,连歌颂朝廷的能

---

① 本文摘自《科学》第 58 卷(2006 年)第 1 期,作者丘成桐.

力都没有.政府对数学的尊重要到近年来才有极大的改进.西方则不然,希腊哲人以数学为万学之基.柏拉图以通几何为入其门槛之先决条件,所以数学家得到崇高地位,数学在西方蓬勃发展了两千多年.

一、数学之基本意义

数学之为学,有其独特之处,它本身是寻求自然界真相的一门科学,但数学家也如文学家般天马行空,凭爱好而创作,故此数学可说是人文科学和自然科学的桥梁.

数学家研究大自然所提供的一切素材,寻找它们共同的规律,用数学的方法表达出来.这里所说的大自然比一般人所了解的来得广泛,我们认为数字、几何图形和各种有意义的规律都是自然界的一部分,我们希望用简洁的数学语言将这些自然现象的本质表现出来.

数学是一门公理化的科学,所有命题必须由三段论证的逻辑方法推导出来,但这只是数学的形式,而不是数学的精髓.大部分数学著作枯燥乏味,而有些却令人叹为观止,其中的分别在哪里?

大略言之,数学家以其对大自然感受的深刻肤浅来决定研究的方向,这种感受既有其客观性,也有其主观性,后者则取决于个人的气质,气质与文化修养有关,无论是选择悬而未决的难题,或者创造新的方向,文化修养皆起着关键性的作用.文化修养是以数学的功夫为基础,自然科学为副,但是深厚的人文知识也极为要紧,因为人文知识也致力于描述心灵对大自然的感受,所以司马迁写《史记》除了"通古今之变"外,也要"究天人之际".

刘勰在"文心雕龙·原道篇"说文章之道在于:"写天地之辉光,晓生民之耳目."刘勰以为文章之可贵,在尚自然,在贵文采.他又说:"人与天地相参,乃性灵所集聚,是以谓之三才,为五行之秀气,实天地之灵气.灵心既生,于是语言以立.语言既立,于是文章着明,此亦源于自然之道也.""文心雕龙·风骨":"诗总六义,风冠其首,斯乃化感之本源,志气之符契也."

历代的大数学家如阿基米德、牛顿(I. Newton)莫不以自然为宗,见物象而思数学之所出,即有微积分的创作.费马和欧拉对变分法的开创性发明也是由于探索自然界的现象而引起的.近代几何学的创始人高斯认为几何和物理不可分,他说:"我越来越确信几何的必然性无法被验证,至少现在无法被人类或为了人类而验证,我们或许能在未来领悟到那无法知晓的空间的本质.我们无法把几何和纯粹是先验的算术归为一类,几何和力学却不可分割."

20世纪几何学的发展,则因物理学上重要的突破而屡次改变其航道.当狄拉克把狭义相对论用到量子化的电子运动理论时,发现了狄拉克方程,以后的发展连狄拉克本人也叹为观止,认为他的方程比他的想象来得美妙,这个方程在近代几何的发展起着关键性的贡献,我们对旋子的描述缺乏直观的几何感觉,但它出于自然,自然界赋予几何的威力可说是无微不至.

广义相对论提出了场方程,它的几何结构成为几何学家梦寐以求的对象,因为它能赋予空间一个调和而完美的结构.我研究这种几何结构垂三十年,时而迷惘,时而兴奋,自觉同《诗经》《楚辞》的作者或晋朝的陶渊明一样,与大自然浑然一体,自得其趣.

捕捉大自然的真和美,实远胜于一切人为的造作,正如《文心雕龙》说的:"云霞雕色,有踰画工之妙.草木菁华,无待锦匠之奇,夫岂外饰,盖自然耳."

在空间上是否存在满足引力场方程的几何结构,是一个极为重要的物理问题,它也逐渐地变成几何中伟大的问题.尽管其他几何学家都不相信它存在,我却锲而不舍,不分昼夜地去研究它,就如屈原所说:"亦余心之所善兮,虽九死其犹未悔."

我花了五年工夫,终于找到了具有超对称的引力场结构,并将它创造成数学上的重要工具.当时的心境可以用以下两句来描述:"落花人独立,微雨燕双飞."

以后大批的弦理论学家参与研究这个结构,得出很多深入的结果.刚开始时,我的朋友们都对这类问题敬而远之,不愿意与物理学家打交道.但我深信造化不致弄人,回顾十多年来在这方面的研究尚算满意,现在卡拉比(Calabi)—丘空间(图 1)的理论已经成为数学的一支主流.

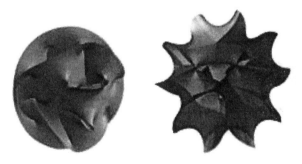

图 1 卡拉比—丘空间示意图

二、数学的文采

数学的文采,表现于简洁,寥寥数语,便能道出不同现象的法则,甚至在自然界中发挥作用,这是数学优雅美丽的地方.我的老师陈省身先生创作的陈氏类,就文采斐然,令人赞叹.它在扭曲的空间中找到简洁的不变量,在现象界中成为物理学界求量子化的主要工具,可说是描述大自然美丽的诗篇,直如陶渊

151

明"采菊东篱下,悠然见南山"的意境.

从欧氏几何的公理化,到笛卡儿(R. Descartes)创立的解析几何,到牛顿、莱布尼兹的微积分,到高斯、黎曼创立的内蕴几何,一直到与物理学水乳相融的近代几何,都以简洁而富于变化为宗,其文采绝不逊色于任何一件文学创作,它们发轫的时代与文艺兴起的时代相同,绝对不是巧合.

数学家在开创新的数学想法的时候,可以看到高雅的文采和崭新的风格,例如欧几里得证明存在无穷多个素数,开创反证法的先河.高斯研究十七边形的对称群,使伽罗瓦群成为数论的骨干.这些研究异军突起,论断华茂,使人想起五言诗的始祖苏(武)李(陵)唱和诗以及词的始祖李太白的"忆秦娥".

三、数学中的赋比兴

中国诗词都讲究比兴.钟嵘在《诗品》中说:"文已尽而意有余,兴也.因物喻志,比也."

刘勰在《文心雕龙》中说:"故比者,附也.兴者,起也.附理者切类以指事,起情者依微以拟议.起情故兴体以立,附理故比例以生."

白居易:"噫,风雪花草之物《三百篇》中岂舍之乎?顾所用何如耳,设如北风其凉,假风以刺威虐也,雨雪霏霏,因雪以愍征役也 …… 比兴发于此而义归于彼."他批评谢脁诗:"'余霞散成绮,澄江净如练.'丽则丽矣,吾不知其所讽焉,故仆所谓嘲风雪,弄花草而已,文意尽去矣."

有深度的文学作品必须要有"义"、有"讽"、有"比兴".数学亦如是.我们在寻求真知时,往往只能凭已有的经验,因循研究的大方向,凭我们对大自然的感觉而向前迈进,这种感觉是相当主观的,因个人的文化修养而定.

文学家为了达到最佳意境的描述,不见得忠实地描写现象界,例如贾岛只追究"僧推月下门"或是"僧敲月下门"的意境,而不在乎所说的是不同的事实.数学家为了创造美好的理论,也不必依随大自然的规律,只要逻辑推导没有问题,就可以尽情地发挥想象力.然而文章终究有高下之分,大致来说,好的文章"比兴"的手法总会比较丰富.

中国《古诗十九首》,作者年代不详,但大家都认为是汉代的作品.刘勰说:"比采而推,两汉之作乎."这是从诗的结构和风格进行推敲而得出的结论,在数学的研究过程中,我们亦利用比的方法去寻找真理.我们创造新的方向时,不必凭实验,而是凭数学的文化涵养去猜测去求证.

举例而言,三十年前我提出一个猜测,断言三维球面里的光滑极小曲面,其第一特征值等于2.当时这些曲面例子不多,只是凭直觉,利用相关情况模拟而得出的猜测,最近有数学家写了一篇文章证明这个猜想.其实我的看法与文学上的比兴很相似.

我们看《洛神赋》(图 2):"翩若惊鸿,婉若游龙.荣曜秋菊,华茂春松.髣髴兮若轻云之蔽月,飘飘兮若流风之回雪."由比喻来刻画女神的体态.又看《诗经》:"高山仰止,景行行止.四牡骓骓,六辔如琴,觏尔新婚,以慰我心."也是用比的方法来描写新婚的心情.

图 2   东晋顾恺之的《洛神赋图》局部
此图根据三国时期魏国曹植《洛神赋》想象而作

我一方面想象三维球的极小子曲面应当是如何的匀称,一方面想象第一谱函数能够同空间的线性函数比较该有多妙,通过原点的平面将曲面最多切成两块,于是猜想这两个函数应当相等,同时第一特征值等于 2.

当时我与卡拉比教授讨论这个问题,他也相信这个猜测是对的.旁边我的一位研究生问为什么会做这样的猜测,不待我回答,卡拉比教授便微笑说这就是洞察力了.

数学上常见的对比方法乃是低维空间和高维空间现象的对比.我们虽然看不到高维空间的事物,但可以看到一维或二维的现象,并由此来推测高维的变化.我在做研究生时企图将二维空间的单值化原理推广到高维空间,得到一些漂亮的猜测,我认为曲率的正或负可以作为复结构的指向,这个看法影响至今,可以溯源到 19 世纪和 20 世纪初期曲率和保角映射关系的研究.

另外一个对比的方法乃是数学不同分支的比较.记得我从前用爱氏结构证明代数几何中一个重要不等式时,日本数学家宫冈(Miyaoka)利用俄国数学家博戈莫洛夫(Bogomolov)的代数稳定性理论也给出这个不等式的不同证明,因此我深信爱氏结构和流形的代数稳定有密切的关系,这三十年来的发展也确是朝这个方向蓬勃地进行.

事实上,爱因斯坦的广义相对论也是对比各种不同的学问而创造成功的,它是科学史上最伟大的构思,可以说是惊天地而泣鬼神的工作.它统一了古典的引力理论和狭义相对论.爱因斯坦花了十年工夫,基于等价原理,比较了各种描述引力场的方法,巧妙地用几何张量来表达引力场,将时空观念全盘翻新.

爱因斯坦所用的工具是黎曼几何,乃是黎曼比他早五十年发展出来的,当时的几何学家唯一的工具是对比,在古典微积分、双曲几何和流形理论的模拟后得出来的漂亮理论.反过来说,广义相对论给黎曼几何注入了新的生命.

20世纪数论的一个大突破乃是算术几何的产生,利用群表示理论为桥梁,将古典的代数几何、拓扑学和代数数论比较,有如瑰丽的歌曲,它的发展势不可挡,气势如虹,"天之所开,不可当也".韦伊(A. Weil)研究代数曲线在有限域上解的问题后,得出高维代数流形有限域解的猜测,推广了代数流形的基本意义,直接影响了近代数学的发展.筹学所问,无过于此矣.

伟大的数学家远瞩高瞻,看出整个学问的大流,有很多合作者和跟随者将支架建立起来,解决很多重要的问题.正如曹雪芹创造《红楼梦》时,也是一样,全书既有真实,亦有虚构.既有前人小说如《西厢记》《金瓶梅》《牡丹亭》等的踪迹,亦有作者家族凋零、爱情悲剧的经验,通过各种不同人物的话语和生命历程,道出了封建社会大家族的腐败和破落.《红楼梦》的写作影响了清代小说垂二百年.

《西厢记》和《牡丹亭》的每一段写作和描述男女主角的手法都极为上乘,但是全书的结构则是一般的佳人才子写法,由《金瓶梅》进步到《红楼梦》则小处和大局俱佳.

这点与数学的发展极为相似,从局部的结构发展到大范围的结构是近代数学发展的一个过程.往往通过比兴的手法来处理.几何学和数论都有这一段历史,代数几何学家在研究奇异点时通过爆炸的手段,有如将整个世界浓缩在一点.微分几何和广义相对论所见到的奇异点比代数流形复杂,但是也希望从局部开始,逐渐了解整体结构.数论专家研究局部结构时则通过素数的模方法,将算术流形变成有限域上的几何,然后和大范围的算术几何对比,得出丰富的结果.数论学家在研究朗兰兹理论时也多从局部理论开始.

好的作品需要赋比兴并用.钟嵘《诗品》:"直书其事,寓言写物,赋也.宏斯三义,酌而用之,干之以风力,润之以丹采,使味之者无极,闻者动心,是诗之至也.若专用比兴,则患在意深,意深则词踬.若但用赋体,则患在意浮,意浮则文散."

在数学上,对非线性微分方程和流体方程的深入了解,很多时候需要靠计算器来验算.很多数学家有能力做大量的计算,却不从大处着想,没有将计算的内容与数学其他分支比较,没有办法得到深入的看法,反过来说只讲观念比较,不作大量计算,最终也无法深入创新.

有些工作却包含赋、比、兴三种不同的精义.近五十年来数论上一个伟大的突破是由英国人伯奇(Birch)和斯温奈顿－戴尔(Swinneton-Dyer)提出的一个猜测,开始时用计算器大量计算,找出 L 函数和椭圆曲线的整数解的联系,与数论上各个不同的分支比较接合,妙不可言,这是赋、比、兴都有的传世之作.

四、数学家对事物看法的多面性

由于文学家对事物有不同的感受,同一事或同一物可以产生不同的吟咏.例如对杨柳的描述:

温庭筠:"柳丝长,春雨细……"

吴文英:"一丝柳,一寸柔情,料峭春寒中酒……"

李白:"年年柳色,灞陵伤别.""风吹柳花满座香,吴姬压酒劝客尝."

周邦彦:"柳阴直,烟里丝丝弄碧,隋堤上,曾见几番,拂水飘绵送行色,……长亭路,年去岁来,应折柔条过千尺."

晏几道:"舞低杨柳楼心月,歌尽桃花扇底风."

柳枝既然是柔条,又有春天时的嫩绿,因此可以代表柔情,女性体态的柔软(柳腰、柳眉都是用柳条来描写女性),又可以描写离别感情和青春的感觉.

对事物有不同的感受后,往往通过比兴的方法另有所指,例如"美人"有多重意思,除了指美丽的女子外,也可以指君主:屈原《九章》:"结微情以陈词兮,矫以遗夫美人".也可以指品德美好的人:《诗经·邶风》中的"云谁之思,西方美人",苏轼《赤壁赋》中的"望美人兮天一方".

数学家对某些重要的定理,也会提出很多不同的证明.例如勾股定理的不同证明有十个以上,等周不等式亦有五六个证明,高斯则给出数论对偶定律六个不同的看法.不同的证明让我们以不同的角度去理解同一个事实,往往引导出数学上不同的发展.

记得三十年前我利用分析的方法来证明完备而非紧致的正曲率空间有无穷大体积后,几何学家格罗莫夫(Gromov)开始时不相信这个证明,以后他找出我证明方法的几何直观意义后,发展出他的几何理论,这两个不同观念都有它们的重要性.

小平邦彦有一个极为重要的贡献叫作消灭定理,是用曲率的方法来得到的,它在代数几何学上有奠基性的贡献,代数几何学家却不断地企图找寻一个纯代数的证明,希望对算术几何有比较深入的了解.

对空间中的曲面,微分几何学家会问它的曲率如何,有些分析学家希望沿着曲率方向来推动它一下看看有什么变化,代数几何学家可以考虑它可否用多项式来表示,数论学家会问上面有没有整数格点.这种种主观的感受由我们的修养来主导.

反过来说,文学家对同一事物亦有不同的歌咏,但在创作的工具上却有比较统一的对仗韵律的讲究,可以应用到各种不同的文体.从数学的观点来说,对仗韵律是一种对称,而对称的观念在数学发展至为紧要,是所有数学分支的共同工具.另外,数学家又喜欢用代数的方法来表达空间的结构,同调群乃是重要的例子,由拓扑学出发而应用到群论、代数、数论和微分方程学上去.

五、数学的意境

王国维在《人间词话》中说:"词以境界为最上.有境界则自成高格 …… 有造境,有写境,此理想与写实二派之所由分.然二者颇难分别,因大诗人所造之境必合乎自然,所写之境亦必邻于理想故也.有有我之境,有无我之境.'泪眼问花花不语,乱红飞过秋千去.'…… 有我之境也.'采菊东篱下,悠然见南山.'…… 无我之境也.有我之境,以我观物,故物皆着我之色彩.无我之境,以物观物,故不知何者为我,何者为物 …… 无我之境,人唯乎静中得之.有我之境,于由动入静时得之,故一优美,一宏壮也.自然之物互相关系,互相限制.然其写之于文学及美术中也,必有其关系限制之处.故虽写实家亦理想家也.又虽如何虚构之境,其材料必求之于自然,而其构造亦必从自然之法律.故虽理想家亦写实家也."

数学研究当然也有境界的概念,在某种程度上也可谈有我之境、无我之境.当年欧拉开创变分法和推导流体方程,由自然现象引导,可谓无我之境.他又凭自己的想象力研究发散级数,而得到 zeta 函数的种种重要结果,开三百年数论之先河,可谓有我之境矣.另外一个例子是法国数学家格罗滕迪克(A. Grothendieck),他著述极丰,以个人的哲学观点和美感出发,竟然不用实例,建立了近代代数几何的基础,真可谓有我之境矣.

在几何的研究中,我们发现狄拉克在物理上发现的旋子在几何结构中有魔术性的能力,我们不知道它内在的几何意义,它却替我们找到几何结构中的精髓.在应用旋子理论时,我们常用的手段是通过所谓消灭定理而完成的,这是一个很微妙的事情,我们制造了曲率而让曲率自动发酵去证明一些几何量的不存在,可谓无我之境矣.以前我提出用爱因斯坦结构来证明代数几何的问题和用调和映像来看研究几何结构的刚性问题也可作如是观.不少伟大的数学家,以文学、音乐来培养自己的气质,与古人神交,直追数学的本源,来达到高超的意境.

《文心雕龙·神思》说:"文之思也,其神远矣.故寂然凝虑,思接千载;悄然动容,视通万里.吟咏之间,吐纳珠玉之声,眉睫之前,卷舒风云之色,其思理之致乎."

六、数学的品评

好的工作应当是文已尽而意有余,大部分数学文章质木无文,流俗所好,不过两三年耳.但是有创意的文章,未必为时所好,往往十数年后始见其功.

我曾经用一个崭新的方法去研究调和函数,以后和几个朋友一同改进了这个方法,成为热方程的一个重要工具.开始时没有得到别人的赞赏,直到最近五年大家才领会到它的潜力.然而我们还是锲而不舍地去研究,觉得意犹未尽.

我的老师陈省身先生在他的文集中引杜甫诗"文章千古事,得失寸心知."而杜甫就曾批评初唐四杰的作品:"王杨卢骆当时体,轻薄为文哂未休,尔曹身与名俱灭,不废江河万古流."

时俗所好的作品,不必为作者本人所认同.举个例子,白居易留传至今的诗甚多,最出名之一是《长恨歌》,但他给元微之的信中却说:"及再来长安,又闻有军使欲聘倡伎,伎大夸曰:'我诵得白学士《长恨歌》,岂同他伎哉.'……佽伎见仆来,指而相顾曰:"此是《秦中吟》《长恨歌》主耳.'自长安抵江西,三四千里……每每有咏仆诗者,此诚雕虫之技,不足为多,然今时俗所重,正在此耳."

白居易说谢朓的诗丽而无讽.其实建安以后,绮丽为文的作者甚众.亦自有其佳处,毕竟钟嵘评谢朓诗为中品,以后六朝骈文、五代《花间集》以至近代的鸳鸯蝴蝶派都是绮丽为文.虽未臻上乘,却有赏心悦目之句.

数学华丽的作品可从泛函分析这种比较广泛的学问中找到,虽然有其美丽和重要性,但与自然之道总是隔了一层.举例来说,从函数空间抽象出来的一个重要概念叫作巴拿赫空间,在微分方程中有很重要的功用,但是以后很多数学家为了研究这种空间而不断地推广,例如有界算子是否存在不变空间的问题,确是漂亮,但在数学大流上却未有激起任何波澜.

在 20 世纪 70 年代,高维拓扑的研究已成强弩之末,作品虽然不少,但真正有价值的不多,有如"野云孤飞,去留无迹".文气已尽,再无新的比兴了.当时有拓扑学者做群作用于流形的研究,确也得到某些人的重视.但是到了 20 世纪 80 年代,值得怀念的工作只有博特(Bott)的局部化定理.能经得起时间考验的工作寥寥无几,政府评审人才应当以此为首选.历年来以文章篇数和被引用多寡来做指标,使得国内的数学工作者水平大不如人,不单与自然隔绝,连华丽的文章都难以看到.

七、数学的演化

王国维说:"四言敝而有楚辞,楚辞敝而有五言,五言敝而有七言,古诗敝而有律绝,律绝敝而有词.盖文体通行既久,染指遂多,自成习套.豪杰之士亦难于其中自出新意,故遁而作他体以自解脱.一切文体所以始盛中衰者,皆由于此,故谓文体后不如前,余未敢言.但就一体论,则此说固无以易也."

数学的演化和文学有极为类似的变迁.从平面几何至立体几何,至微分几何,等等,一方面是工具得到改进,另一方面是对自然界有进一步的了解,将原来所认识的数学结构的美发挥尽致后,需要进入新的境界.江山代有人才,能够带领我们进入新的境界的都是好的数学.上面谈到的高维拓扑文气已尽,假使它能与微分几何、数学物理和算术几何组合变化,亦可振翼高翔.

我在香港念数学时,读到苏联数学家盖尔范德(I. Gelfand)的看法,用函数来描述空间的几何性质,使我感触良深,以后在研究院时才知道.代数几何学家也用有理函数来定义代数空间,于是我猜想一般的黎曼流形应当也可以用函数来描述空间的结构.但是为了深入了解流形的几何性质,我们需要的函数必须由几何引出的微分方程来定义.可是一般几何学家厌恶微分方程,我对它却情有独钟,与几个朋友合作将非线性方程带入几何学,开创了几何分析这门学问,解决了拓扑学和广义相对论一些重要问题.在 1981 年时我建议友人哈密顿用他创造的方程去解决三维拓扑的基本结构问题,二十多年来他引进了不少重要的工具,运用上述我和李伟光在热方程的工作,深入地了解奇异点的产生.两年前俄国数学家普雷尔曼(Perelman)更进一步地推广了这个理论,很可能完成了我的愿望,将几何和三维拓扑带进了新纪元.

八年前我访问北京,提出全国向哈密顿先生学习的口号,本来讨论班已经进行,却给一些急功近利的北京学者阻止,在国外也遇到同样的阻力,中国几何分析不能进步都是由于年青学者不能够自由发展思想的缘故.广州的朱熹平却锲而不舍,他的工作已经远超国内外成名的中国学者.

当一个大问题悬而未决的时候,我们往往以为数学之难莫过于此.待问题解决后,前途豁然开朗,看到比原来更为灿烂的火花,就会有不同的感受.

这点可以跟《庄子·秋水篇》比较:"秋水时至,百川灌河,泾流之大,两涘渚崖之间,不辨牛马.于是焉河伯欣然自喜,以天下之美为尽在己,顺流而东行,至于北海,东面而视,不见水端,于是焉河伯始旋其面目,望洋向若而叹曰:'野语有之曰:闻道百,以为莫己若者,我之谓也.且夫我尝闻少仲尼之闻,而轻伯夷之义者,始吾弗信,今我睹子之难穷也.吾非至于子之门,则殆矣.吾长见笑于大方之家.

科学家对自然界的了解,都是循序渐进,在不同的时空自然会有不同的感受.有学生略识之无后,不知创作之难,就连陈省身先生的大作都看不上眼,自以为见识更为丰富,不自见之患也.人贵自知,始能进步.

庄子:"今尔出于崖涘,观于大海,乃知尔丑,尔将可与语大理矣."

我曾经参观德国的格丁根大学,看到 19 世纪和 20 世纪伟大科学家的手稿,他们传世的作品只是他们工作的一部分,很多杰作都还未发表,使我深为惭愧而钦佩他们的胸襟.今人则不然,大量模仿,甚至将名作稍为改动,据为己有,尽快发表.或申请院士,或自炫为学术宗匠,于古人何如哉.

八、数学的感情

为了达到深远的效果,数学家需要找寻问题的精华所在,需要不断地培养我们对问题的感情和技巧,这一点与孟子所说的养气相似.气有清浊,如何寻找数学的魂魄,视乎我们的文化修养.

白居易说:"圣人感人心而天下和平,感人心者,莫先乎情,莫始乎言,莫切乎声,莫深乎义 …… 未有声入而不应,情交而不感者."

严羽《沧浪诗话》:"盛唐诸公唯在兴趣,羚羊挂角,无迹可求.故其妙处透彻玲珑,不可凑拍,如空中之音,相中之色,水中之影,镜中之像,言有尽而意无穷."

我的朋友哈密顿先生,他一见到问题可以用曲率来推动,他就眉飞色舞.另外一个澳洲来的学生,见到与爱因斯坦方程有关的几何现象就赶快找寻它的物理意义,兴奋异常,因此他们的文章都是清纯可喜.反过来说,有些成名的学者,文章甚多,但陈陈相因,了无新意.这是对自然界、对数学问题没有感情的现象,反而对名位权利特别重视.为了院士或政协委员的名衔而甘愿千里仆仆风尘地奔波,在这种情形下,难以想象他们对数学、对自然界有深厚的感情.

数学的感情是需要培养的,慎于交友才能够培养气质.博学多闻,感慨始深,堂庑始大.欧阳永叔说:"人间自是有情痴,此恨不关风与月.""直须看尽洛城花,始与东风容易别."能够有这样的感情,才能够达到晏殊所说:"昨夜西风凋碧树,独上高楼,望尽天涯路."

浓厚的感情使我们对研究的对象产生直觉,这种直觉看对象而定,例如在几何上叫作几何直觉.好的数学家会将这种直觉写出来,有时可以用来证明定理,有时可以用来猜测新的命题或提出新的学说.

但数学毕竟是说理的学问,不可能极度主观.《诗经》中的《蒹葭》《黍离》,屈原《离骚》《九江》,汉都尉河梁送别,陈思王归藩伤逝,李后主忆江南,宋徽宗念故宫,俱是以血书成、直抒胸臆、非论证之学所能及也.

九、数学的应用

王国维说:"诗人对宇宙人生须入乎其内,又须出乎其外.入乎其内,故能写之,出乎其外,故能观之.入乎其内,故有生气,出乎其外,故有高致.美成能入而不能出,白石以降,二事皆未梦见.""词之雅郑,在神不在貌.永叔少游虽作艳语,终有品格,方之美成,便有淑女与娼伎之别."

数学除与自然相交外,也与人为的事物相接触,很多数学问题都是纯工程上的问题.有些数学家毕生接触的都是现象界的问题,可谓入乎其内.大数学家如欧拉、傅里叶、高斯、维纳、冯·诺伊曼等都能入乎其内,出乎其外,既能将抽象的数学在工程学上应用,又能在实用的科学中找出共同的理念而发展出有意义的数学.反过来说,有些应用数学家只用计算器做出一些计算,不求其解,可谓二者皆未见矣.

傅里叶在研究波的分解时,得出傅里叶级数的展开方法,不但成为应用科学最重要的工具,在基本数学上的贡献也是不可磨灭的.近代孤立子的发展和几何光学的研究,都在基本数学上占了一个重要的位置.

应用数学对基本数学的贡献可与元剧比较.王国维评元剧:"其作剧也,非有藏之名山,传之其人之意也,彼以意兴之所至为之,以自娱娱人,关目之拙劣,所不问也;思想之卑陋,所不讳也;人物之矛盾,所不顾也.彼但摹写其胸中之感想与时代之情状,而真挚之理与秀杰之气时流露于其间."

例如金融数学旨在谋利,应用随机过程理论,间有可观的数学内容.正如王国维评古诗"何不策高足,先据要路津,无为久贫贱,坎轲长苦辛",认为"无视其鄙者,以其真也".伟大的数学家高斯就是金融数学的创始人,他本人投资股票而获利;克莱因则研究保险业所需要的概率论.

然而近代有些应用数学家以争取政府经费为唯一目标,本身无一技之长,却巧立名目,反诬告基本数学家对社会没有贡献,尽失其真矣.有如近代小说以情欲、仇杀、奸诈为主题,取宠于时俗,不如太史公《刺客列传》中所说:"自曹沫至荆轲五人,此其义或成或不成,然其立意较然,不欺其志,名垂后世,岂妄也哉."应用数学家不能立意较然,而妄谈对社会有贡献,恐怕是缘木求鱼了.

十、数学的训练

好的数学家需要领会自然界所赋予的情趣,因此也须向同道学习他们的经验.然而学习太过,则有依傍之病.顾亭林云:"君诗之病在于有杜,君文之病在于有韩、欧.有此蹊径于胸中,便终身不脱依傍二字,断不能登峰造极."

今人习数学,往往依傍名士,凡海外毕业的留学生,都为佳士,孰不知这些名士泰半文章与自然相隔千万里,画虎不成反类犬矣.李义山说:"刘郎已恨蓬山远,更隔蓬山一万重."很多研究生在跟随名师时,做出第一流的工作,毕业后却每况愈下,就是依傍之过.更有甚者,依傍而不自知,由导师提携指导,竟自炫"无心插柳柳成荫",难有创意之作矣.

有些学者则倚洋自重,国外大师的工作已经完成,除非另有新意,不大可能再进一步发展.国内学者继之,不假思索,顶多能够发表一些二三流的文章.极值理论就是很好的例子.由伯克霍夫(Birkhoff)、莫尔斯(Morse)到尼伦伯格(Nirenberg)发展出来的山路理论,文意已尽,不宜再继续了.

推其下流,则莫如抄袭,有成名学者为了速成,带领国内学者抄袭名作,竟然得到重视,居庙堂之上,腰缠万贯而沾沾自喜,良可叹也.

数学家如何不依傍才能做出有创意的文章?

屈原说:"纷吾既有此内美兮,又重之以修能."

如何能够解除名利的束缚,俾欣赏大自然的直觉毫无拘束地表露出来,乃是数学家养气最重要的一步.

贾谊说:"独不见夫鸾凤之高翔兮,乃集大皇之野.循四极而回周兮,见盛德而后下.彼圣人之神德兮,远浊世而自藏.使麒麟可得羁而系兮,又何以异乎犬羊."

媒体或一般传记作者喜欢说某人是天才,下笔成章,仿佛做学问可以一蹴而就.其实无论文学和数学,都需要经过深入的思考才能产生传世的作品.柳永说:"衣带渐宽终不悔,为伊消得人憔悴."

一般来说,作者经过长期浸淫,才能够出口成章,经过不断推敲,才有深入可喜的文采.王勃《滕王阁序》,丽则丽矣,终不如陶渊明《归去来辞》、庾信《哀江南赋》、曹植《洛神赋》诸作来得结实.文学家的推敲在于用字和遣词.张衡两京、左思三都,构思十年,始成巨构,声闻后世,良有以也.数学家的推敲极为类似,由工具和作风可以看出他们特有的风格.传世的数学创作更需要有宏观的看法,也由锻炼和推敲才能成功.

曹丕说:"古人贱尺璧而重寸阴,惧乎时之过已,而人多不强力;贫贱则慑于饥寒,富贵则流于逸乐,遂营目前之务,而遗千载之功.日月逝于上体貌衰于下.忽然于万于迁化,斯志士之大痛也."

三十年来我研究几何空间上的微分方程,找寻空间的性质,究天地之所生,参万物之行止.乐也融融,怡然自得,溯源所自,先父之教乎.

图3　著名华人数学家丘成桐院士在做学术演讲

161

第四维、立体主义与相对论

—— 庞加莱时代的文化与科学①

> **数**学家用一个名称替代不同的事物,而诗人则用不同的名称意指同一件事物.
>
> —— 亨利·庞加莱

19 世纪前半叶是从古典进入到现代的关键时期,走在最前列的依然是生性敏感的诗人和数学家,爱伦·坡(Allan Poe)和波德莱尔(C. Baudelaire)的相继出现,非欧几何学和非交换代数的接连问世,标志着以亚里士多德(Aristotle)《诗学》和欧几里得(Euclid)《原本》为准则的延续了两千多年的古典时代的终结. 进入到那个世纪的后半叶以后,更加速了产生天才人物的步伐. 在 1880 年前后不到两年时间里,科学巨匠爱因斯坦和艺术大师毕加索(P. Picasso)分别在德国南方和西班牙南方两个偏远小镇乌尔姆、马拉加出世,这两个生命的诞生为技术主义泛滥的 20 世纪增添了迷人的光彩.

一、立体主义的兴起

毫无疑问,爱因斯坦和毕加索这两位激励了好几代科学家

---

① 本文摘自《科学》第 58 卷(2006 年)第 5 期,作者蔡天新.

和艺术家的天才人物,是我们这个时代遥不可及的偶像. 米勒(A. I. Miller)博士甚至断言,现代科学就是爱因斯坦,现代艺术就是毕加索. 米勒分析了上述两位天才的案例,他们各自的生活经验、工作经历和创造性中的相似性,尤其是在20 世纪的头一个 15 年,也即他们 20 岁到 35 岁(最具创造力的)那段时期,不仅为我们揭示了他们思考方式的共同点,也让我们窥见了艺术创造和科学发现的本质.

然而,米勒观点中最让人感兴趣的部分是,连接爱因斯坦相对论和毕加索立体主义的纽带竟然是数学中的第四维,也即黎曼几何学的一种特殊形式. 当人们仍在激烈地辩论非欧几何学以及违反欧几里得第五公设的哲学后果时,法国数学家庞加莱是这样教我们想象四维世界的,"外在物体的形象被描绘在视网膜上,这个视网膜是一个二维画;这些形象是一副透视图 ……",按照他的解释,既然二维面的一个景象是从三维面而来的投影,那么三维面上的一个形象也可以看成是从四维而来的投影. 庞加莱建议,可以将第四维描述成画布上接连出现的不同透视图. 依照毕加索的视觉天赋,他认为这不同的透视图应该在时间同时性里展示出来,于是就有了《阿维尼翁少女》—— 立体主义的开山之作. 阿维尼翁是法国南方靠近马赛的一座小镇,离凡·高(V. van Gogh)的圣地阿尔只有几公里远.

庞加莱被认为是通晓全部数学与应用数学知识的最后一人,他涉足的研究领域惊人地广泛,并不断使之丰富. 他还是数学的天才普及者;其平装本的通俗读物被人们争相抢购,并被译成多种文字,在不同的国度和阶层广泛传播,就如同后来的理论物理学家、《时间简史》的作者霍金(S. Hawking)那样. 按照米勒的说法,在庞加莱的名作《科学与假设》(1902)的众多读者里头,有一位叫普兰斯(M. Princet)的巴黎保险精算师. 在立体主义诞生前夕,他和比他年轻六岁的毕加索共同拥有一位情妇,正是这位水性杨花的女人把普兰斯介绍给了毕加索,于是毕加索和他的"洗衣舫"艺术家圈子才有机会聆听非正式的几何学讲座.

《阿维尼翁少女》的命名人、诗人萨尔蒙(A. Salmon)后来在《巴黎日报》的专栏文章里称赞普兰斯是"立体主义的数学家",并在 1907 年夏天(《阿维尼翁少女》的创作期)这个关键时刻做出了特殊的贡献. 他写道,"在蒙马尔特的那间旧画室里进行的激烈辩论和探讨,立体主义就是在那里诞生的." 这些相互启发的讨论的参与者里既有画家,也有诗人. 诗人们"只不过提供了一些有意味的语汇,这对理解新生事物十分必要. 还有一个神秘的数学家,他给朋友们提供了经过推理的准确性." 不管毕加索本人是否承认,几何学成为他"充满热情地探索着的"新艺术语言.

其实,萨尔蒙的描述多少有些夸张. 在毕加索的艺术家圈子里,最重要的要数诗人阿波利奈尔(G. Apollinaire),他同时也是小说家、演出经纪人、美食品尝家、藏书家、色情文学的支持者,并被后人尊称为立体主义绘画的解释人.在巴黎的一次秋季沙龙开幕式上,阿波利奈尔发表了关于第四维和现代艺术的演讲.在他眼里,第四维并不是一个数学概念(他恐怕理解不了欧氏几何和非欧几何的区别),而是一个隐喻,它包含着新美学的种子.阿波利奈尔把立体主义与科学革命相提并论,将其描述成一种第四维的艺术,认为"立体主义用一个无限的宇宙取代了一个以人为中心的有限宇宙";"几何图形是绘画必不可少的,几何学对于造型艺术就如同语法对写作艺术一样重要."必须指出,普兰斯也是那次沙龙的组委会成员,显而易见,阿波利奈尔把他引进的几何学加以发挥了.

图 1　毕加索的四张油画《巴塞罗那庭院景观》
作于 1909 年 5 月,这些作品是毕加索将房子极度几何化
的结果,是立体主义标志的巨大进展

二、从第四维到相对论

至于第四维与爱因斯坦相对论的关系,那是有目共睹的.庞加莱于 1898 年发表的一篇论文探讨了如何"在一个以时间为第四维的四维空间里建立一种数学表述",其重要性立刻被爱因斯坦在瑞士苏黎世联邦工业大学的数学老师闵

可夫斯基(H. Minkowski)捕捉到了,并适时传递给了学生,尽管数学家本人对这个经常逃学的小胡子青年毫无印象.1904 年,即发现狭义相对论的前一年,爱因斯坦读到《科学与假设》的德文译本,立刻被书中席卷数学、科学和哲学的气势所感动,从中了解了几何学的基础.可是,直到 1912 年(庞加莱去世的那年,此时闵可夫斯基已经过世 3 年),爱因斯坦才恍然领悟到,狭义相对论只有在高度几何化后才能完全广义化.而在广义相对论发表后的第二年,即 1916 年,德国数学家希尔伯特发出了这样的感叹:"物理学家必须要首先成为几何学家.".

虽然爱因斯坦的相对论诞生已经一个世纪了,公众对它的理解仍十分肤浅.相对论的数学基础是非欧几何学.直到 18 世纪末 19 世纪初,几何领域仍然是欧几里得一统天下,笛卡儿的解析几何只是改变了几何研究的方法,并使牛顿和莱布尼兹发明的微积分学表述得更加清晰,却没有从本质上改变欧氏几何本身的内容.欧氏几何赖以存在的前提中有这么一条不那么自明的假设,即"过直线外一点能且只能作一条直线与已知直线平行",也就是所谓的"第五公设".这个暧昧的假设引起了数学家的广泛关注.其中大多数人试图证明它,也有的沿着不同的方向,即试图给出相反的假设.

俄国人罗巴切夫斯基就是一个叛逆性的人物.1826 年,他在偏远的喀山大学(那里离哈萨克斯坦比莫斯科更近一些)发表了非欧几何学的第一篇论文,正是在假定"过直线外一点可以引至少两条直线与已知直线平行"的基础上.可是,由于语言的隔膜和交通的不便,这项成果将近十年以后才传递到西欧.1854 年,德国数学家黎曼发展了罗氏理论而建立起更广泛的非欧几何学,他引进了流形曲率的概念,在三维常曲率空间里有三种情况,即曲率为正常数、零或负常数.后面两种情形分别对应于欧氏几何和罗巴切夫斯基几何,而第一种几何是黎曼本人的创造,它意味着"过直线外一点不能引任何直线与已知直线平行".

至此,有关非欧几何学的含义就变得比较明晰了,多年以后,庞加莱等人又先后在欧氏空间中给出非欧几何的直观模型,从而揭示出非欧几何的现实意义.无论是欧氏几何还是非欧几何,都存在任意有限维的甚至无限维的空间,庞加莱为物理学家提供了那个以时间为第四维的四维空间,可以看作是非欧几何学的一个特例.闵可夫斯基进一步指出,在这个四维度量空间的长度计算公式里,第四维时间 t 的平方前面需要加一个负号.这个公式是如此美妙,爱因斯坦的一位同事、物理学家玻恩(M. Born)这样感叹,"从那以后,所有的理论物理学家每天都在使用它."总之,在广义相对论里,空间和时间变成了一种四维结构,只不过这个四维结构的形状被其中的大质量物体扭曲了.这样一来,宇宙就由一块刚性的铁板变成了一个弹性的垫子.

三、最后一位通才

1854 年,即黎曼拓展非欧几何学的那一年,庞加莱出生在法国东北部名城南锡的一个显赫家族,他的父亲是一位著名的医生,一位堂弟在第一次世界大战期间曾出任法兰西第三共和国总统,另一位堂弟曾任大众教育和美术部长.庞加莱的超常智力不仅使他接受知识极为迅速,同时拥有一副流利的口才,并从小得到才华出众的母亲的教导,却不幸在五岁时患上白喉症,从此变得体弱多病,不能顺利地用口语表达思想.但他依然喜欢各种游戏(尤其是跳舞),他读书的速度也十分惊人,且能准确持久地记住读过的内容.小庞加莱擅长的科目包括文学、历史、地理、自然史和博物学,他对数学的兴趣来得比较晚,大约开始于 15 岁,很快显露出非凡的才华.不过有意思的是,尽管对现代艺术有如此巨大的间接影响(这很可能是他根本未曾想到的),庞加莱学生时代的绘画成绩却很糟糕.

19 岁那年,庞加莱第二次赢得全法国中学生数学竞赛一等奖,被保送到巴黎的综合工科学校,从此离开了自己的故乡.虽然庞加莱从未在南锡念过大学,但那里的最高学府(建于 1572 年)却以他的名字命名.我国数学家华罗庚获得的第一个学位便是这所大学授予的荣誉博士学位,那是在 20 世纪 70 年代末期. 2002 年春天,笔者有幸在亨利·庞加莱大学的卡当研究所访问了三个月,不仅了解到庞加莱的父亲曾是这所大学医学院的教授,也对南锡这座绿草如茵的小城留下美好的记忆 ——12 世纪以来她就是洛林王朝的都城.庞加莱从综合工科学校毕业后,进入高等矿冶学院,几年后获得采矿工程师的资格,可是他却醉心于数学,继续攻读科学博士学位,再后来,他成了巴黎大学数学和天文学的终身教授,并在母校综合工科学校拥有类似的职位.

庞加莱从未在一个研究领域作过久的逗留,一位同僚戏称他是"征服者,而不是殖民者".即使在数学和相对论以外,他的贡献也难以胜数:光学、电学、电报、弹性力学、热力学、量子论、势论、毛细现象、宇宙起源,等等.从某种意义上讲,整个数学都是庞加莱的领域,但他对拓扑学的贡献无疑最为重要.以他名字命名的猜想提出已 100 多年,并被悬赏 100 万美元,可至今仍无人认领(最近有数学家宣称已证明这个猜想,但还未完全得到数学界定论).这个猜想说的是,任意三维的单连通闭流形必与三维球面同胚.有意思的是,这个猜想的推广,即四维和四维以上的情形倒是被两位美国数学家分别证实,并先后获得菲尔兹奖.由于庞加莱猜想理解起来不如哥德巴赫猜想或费马大定理来得容易,因此虽然它的价值非常之高,却少有业余爱好者问津.

庞加莱的哲学著作除了《科学与假设》以外,具有重大影响的还有《科学的价值》《科学方法论》. 他是唯心主义的约定论哲学的代表人物,认为公理可以在一切可能的约定中进行选择,但需以实验事实为依据,避开一切矛盾. 同时,他反对无穷集合的概念,反对把自然数归结为集合论,认为数学最基本的直观是自然数,这使他成为直觉主义的先驱者之一. 正是由于这些成就的取得才使庞加莱既当选为法兰西科学院的院士(后成为院长)又当选为法兰西学院的院士,他同时处身于科学和人文两座金字塔的塔尖. 庞加莱相信艺术家和科学家之间创造力的共性,相信"只有通过科学与艺术,文明才体现出价值".

从气质上讲,笔者认为庞加莱与稍后的同胞画家马蒂斯(H. Matisse)、作曲家德彪西(C. Debussy)比较接近,他对哲学、文化领域的关注和贡献则延续了帕斯卡、笛卡儿这些前辈同行的传统. 当然每个人都有他的时代局限性,虽然庞加莱对相对论做出了不可磨灭的贡献,但直到去世他都没有完全接受狭义相对论,这也是让爱因斯坦永远感到遗憾的一件事. 1911 年万圣节,也是庞加莱生命中的最后一个冬天,他和爱因斯坦在布鲁塞尔举行的一次光学会议上首次得以相见. 虽然庞加莱没有明说,但爱因斯坦敏感地意识到了,他非常失望地告诉友人,"庞加莱(对相对论)基本上持否定态度. "尽管意见不一致,但会议一结束,庞加莱就应爱因斯坦的请求给他的母校苏黎世联邦工业大学写了一封推荐信,信中有这样的话:"爱因斯坦先生是我所见过的最具创新精神的思想家之一……"次年夏天,庞加莱穿衣时脑血栓梗死逝世于巴黎,爱因斯坦则返回苏黎世当上了教授.

数学文化之魅力

—— 西方数学影视大观[①]

数学在人们眼里通常是枯燥乏味、抽象严谨、烦琐困难，而数学家都是些不食人间烟火、隐居于大学校园的刻板天才. 其实数学文化极富魅力，但长期以来数学工作者试图通过各种形式澄清误解、传播丰富多彩的数学文化，收效甚微. 不过近几十年来出现了转机，那便是数学影视风暴.

2002 年，世界数学家大会在北京举行，来京参加大会的美国数学家纳什(J. Nash) 吸引了广大中国人的眼球. 纳什之所以成为明星科学家，乃因为他是获 74 届奥斯卡多项大奖的影片《美丽心灵》的主角原型. 回忆在 20 世纪 70 至 80 年代，华罗庚之所以成为中国家喻户晓的数学家，除了他的杰出工作，也得益于电视连续剧《华罗庚》. 近几年世界影视界刮起了一股数学电影风暴，一些与数学有关的电影电视片还获大奖、上排行榜成为热播片，使数学的艺术价值得到了凸现.

一、早期数学影视作品

很早人们就听说过卡罗尔(L. Carroll)，这位英国著名的数学家、逻辑学家幼年时家境贫寒、生活艰辛，但他特别用功，

---

① 本文摘自《科学》第 59 卷(2007 年) 第 5 期，作者王庚.

当代世界中的数学(第五卷)

168

博览各类文学书籍,12 岁就开始写作.1850 年他考取牛津大学基督堂学院,1854 年又因数学期终考试取得第一,成为牛津大学的数学教师,后被任命为数学讲师,直至退休. 在 1865 年和 1872 年,他为现实生活中一个朋友的女儿爱丽丝·利德尔(Alice Liddell)写了《爱丽丝梦游仙境》《爱丽丝镜中世界奇遇记》两本书,其中《爱丽丝梦游仙境》早在 19 世纪就成为最畅销的儿童读物.他本人也因《爱丽丝梦游仙境》在英国文学史上占有一席之地.

《爱丽丝梦游仙境》中小女孩爱丽丝生性孤僻好奇.一天晚上,她梦见了引路人大白兔.她跟随大白兔先生钻进了抽屉,当她爬上地面后却发现自己来到一个全然的异想世界.可原本童话故事中的那些角色在这里全改变了模样,到处都是各式各样新奇的事物及有趣的人物,例如高帽先生、扑克兵团,还有脾气极坏的红心皇后 …… 爱丽丝经历了她一生中最刺激、最惊险的奇幻旅程! 故事中的荒诞情节并不全是一派胡言,我们觉得它不可思议,但并不显得完全不合情理.它是梦幻中的逻辑,而不是现实中的逻辑,可也是逻辑的一种.那也是有成年人喜欢这本书的部分原因.爱丽丝有时候也对这种逻辑迷惑不解.

这本卡罗尔独特数学思考下的文学作品,1927 年就有黑白动画片,1950 年被美国迪士尼公司拍成彩色动画片《爱丽丝梦游仙境》,后成为迪士尼经典作品. 而 2004 年由导演威灵(N. Willing),演员考尔特恩(R. Coltrane)、戈德堡(W. Goldberg)、金斯利(B. Kingsley)真人演绎成电影《魔幻仙境》(图 1),当年就以超强的百变明星阵容和曼妙神奇的梦幻世界,勇夺艾美奖最佳角色设计、最佳化妆和最佳音效等大奖.

图 1　魔幻仙境

1959 年《唐老鸭漫游数学奇境》推出,这是迪士尼出品的唯一一部以数学为主题的卡通动画影片,片长 27 分钟.片中将数学的原理及其应用非常通俗地通过活泼、好奇心旺盛的唐老鸭打猎迷路后误闯奇幻数学王国的所见所闻来表现,那个王国中有用数字形成的树和花,大家熟悉的井字游戏及会算圆周率 π

的鸟,还有流淌着很多色彩的数字河流.受到"数学精灵"的带路,唐老鸭遇到古希腊数学家毕达哥拉斯和他的朋友,数学精灵透过音乐、艺术与自然界生物的形态揭露她们手掌上所描写的五角星形理论的秘密,另由运动、西洋棋及撞球算出快乐游戏的诀窍,将数学说明得既生动又易懂,片中深入探讨了数学的三个应用,分别是"撞球游戏""黄金分割、黄金比例与黄金曲线""圆锥曲线".看这部动画片真的是一趟童叟无欺的奇妙数学之旅.

这之后直到1990年,也有少数几部片子与数学有关,如《埃瓦里斯特·伽罗瓦》(1965年)是一部关于19世纪法国青年天才数学家伽罗瓦(E. Galois)的电影短片,主人公最终死在决斗中.《没有(更多)时间》(1973年)是一部意大利影片,由詹纳里利(A. Giannarelli)导演,1973年上映,它也是关于伽罗瓦的,只是更侧重描写他的政治订婚.《无价值》(1985年)中,门罗(M. Monroe)用她的手和膝盖解释爱因斯坦相对论.《笛卡儿》(1974年)是一部由罗塞利尼(R. Rossellini)执导的意大利电影,一部笛卡儿的传记.俄国人命名的《一座在月亮暗边的小山》(1983年)是关于俄国女数学家柯瓦列夫斯卡娅(S. Kovalevskaya)的,还有《拿波里数学家之死》(1992年),但都未有轰动的杰作.

二、近期数学影视作品

1992年以后,与数学有关的影视作品呈现多元化发展,作品也相当丰富,尤其是近三年来以"数学"招牌的影视可说成为一股潮流.近期数学影视作品大致可分三类:数学观念篇(演绎数学观念、普及数学知识的影片);数学应用篇(反映数学应用的影片);数学人文篇(反映文化的影片).

1.数学观念篇

例如演绎混沌观念的影片《蝴蝶效应》,影片的灵感来源于著名的混沌理论"蝴蝶效应".通俗地说,亚马孙流域的一只蝴蝶扇动翅膀,会掀起密西西比河的一场风暴.这种现象就被戏称为蝴蝶效应,意即一件表面上看来毫无关系、非常微小的事情,可能带来巨大的改变.

这个绝妙的观念如今被新线公司搬上银幕,两位一直待在幕后的编剧高手布雷斯(E. Bress)和格鲁勃(M. Gruber),曾一起执笔《绝命终结站2》的剧本,这次终于捧出了完全属于自己的第一部剧情长片《蝴蝶效应》."我们每个人,无论是有意还是无意,都会幻想自己能够改变过去好使目前的状态更好些,或者希望过另一种生活、成为另一个人."格鲁勃说,"这部电影反映的就是这种想法,以及假如我们真这样做的结果."

在影片中,演过很多青春喜剧的英俊小生卡彻(A. Kutcher)扮演一位由于童年的不幸经历而挣扎于心理阴影中的年轻人. 他想出了一个穿越时空的方法,回到过去,以修补那些在他童年时身心破碎的人的生活,但每当他在过去做出一个细微的改变,"现在"的世界都会产生不可预测的巨变,于是为了弥补错误,他又再次返回过去试图消除痕迹,但事与愿违,他的所作所为只能再次导致现实世界的渐趋崩溃. 于是反反复复,他奔波于日益混乱的过去与现实之间,直到不可挽回的结局. 这部电影至少有四个不同结局.

而 2006 年推出的电影《蝴蝶效应 2》是 2004 年《蝴蝶效应》唯一正宗续集,仍是混沌观念的继续演绎. 莱弗利(E. Lively)饰的男主角尼克在一次车祸中造成未婚妻朱莉亚伤重死亡. 伤心欲绝的他却发现自己突然拥有了穿越时空回到过去的能力. 他决定要用这项能力,一次又一次地回到过去改变已经发生过的事实,希望竭尽所能挽回未婚妻的生命,即总是引起更难以想象的连锁反应. 最后,他终究要面对人生有得必有失,而且充满未知数的真相……

在数学概念中,超级立方体是指四维空间中的"立方体". 1997 年,一部来自加拿大的科幻惊悚片《超级立方体(异次元杀阵)》,以其大胆的想象力和诡异的风格引起世人瞩目. 影片叙述六个陌生人被莫名囚禁在奇异的立方体监狱里,面对生死存亡的挑战. 这部由加拿大新人纳塔利(V. Natali)执导的作品曾获当年多伦多电影节加拿大最佳新进影片奖,被影迷们视为一部不可多得的科幻佳作. 该片还荣获多伦多国际电影最佳加拿大首出长片,葡萄牙奇幻电影节最佳电影、最佳特技效果、观众评判团大奖,美国科幻惊悚电影的最高奖土星奖和巴黎科幻电影节的大奖.

2002 年,狮门电影公司推出的《超级立方体 2》仍沿用第一集的故事框架,八名测试者在一座违反物理学常规的四维立方体迷宫中醒来,这次他们脱困的方式将比原来更加困难和复杂,等待他们的是更为严酷的机关和数学难题. 2002 版的立方体与 1997 年相比在构造上有明显不同:一是空间和时间的不连续性和移动性,当一秒钟前我们看到赤裸着拥抱在一起亲吻的麦克斯和朱莉叶,在一秒钟后(即贝姬打开房门之后所看到的)却是两具拥抱在一起的干尸;两秒钟前才被杰瑞杀死的西蒙在两秒钟后从另一个门钻了出来;三秒钟前的杰瑞在三秒钟后便满头白发;贝姬和盲人女孩在钻过一个门之后发现了他们其实已在四秒钟前死亡并变成发臭的尸体等. 二是更为先进、更为残忍的杀人武器:水晶立方体,一种能迅速扩大和缩小的透明状物体,能把任何物体吸取并分解成碎片. 三是可移动的墙壁,同样致命的杀人武器,佩利夫人不幸成为墙下冤鬼. 四是立方体运动的最后结果是崩塌和毁灭,最后的幸存者贝基从立方体的黑洞中跳回到现实世界后面对最终的命运仍然是死亡.

2005 年,美国 BBC 的资料片《费马最后定理》和《探索分形的世界》则分别是介绍费马大定理的由来与解决之艰苦过程,特别是怀尔斯(A. J. Wiles)的大段影像;与分形理论及应用.

2. 数学应用篇

影片涉及三方面的应用,即密码方面、概率预测方面、侦破方面等.

密码方面的有《π 死亡密码》《达·芬奇密码》《BBC 圣经密码》(资料／记录片)、《PBS 兆亿赌注》(资料片)等.

《π 死亡密码》是新锐导演阿罗诺夫斯基(D. Aronofsky)一鸣惊人的得奖处女作,以科幻惊悚手法描写一名天才数学家触目惊心的经历.才华盖世的数学家马斯在过去十年来发现股票市场在混乱波动背后原来由一套数学模式操控,于是致力研究寻出该数学模式.没想到,主宰金融市场的一家华尔街财团要破译圣经密码的一个卡巴拉宗教组织同时派人追拿他.马斯既要保护自己安全,同时亦要尽快找出这些影响世界金融市场的密码.

在这部科幻惊悚的低成本独立制片电影中,利用 π 这个神秘的符号探讨关于上帝、数学、极限、宇宙奥秘以及人在重新找回对自己生活控制权中不停抗争的诸多问题.当阿氏的处女作在 1998 年圣丹斯电影节上获得导演奖时,这部被称为具有"黑格尔式玄学色彩"的影片立即引发了广泛的争议和评论界极大的兴趣.影片完全使用颗粒感很粗的黑白胶片拍摄,其大胆的故事情节与怪异的视觉影像完美地结合,令阿氏一鸣惊人,成为当代影坛又一颇具哲学思辨意味、风格诡异冷峻的另类导演.该片还获得 1999 年独立精神奖最佳编剧处女作奖.

影片《达·芬奇密码》根据美国作家布朗(D. Brown)的同名悬疑小说改编.而作者的身世原本就与数学和宗教连在一起.汉克斯(T. Hanks)饰的哈佛大学的符号学专家罗伯特·兰登在法国巴黎出差期间的一个午夜接到一个紧急电话,得知罗浮宫博物馆年迈的馆长被人杀害在博物馆里,人们在他的尸体旁发现一个难以捉摸的密码.兰登与塔图(A. Tautou)饰的一位颇有天分的法国密码破译专家索菲·奈芙,在对一大堆怪异的密码进行整理的过程当中,居然发现一连串的线索就隐藏在达·芬奇的艺术作品中.这些线索大家都清楚可见,然而却被画家巧妙地隐藏起来.兰登无意中非常震惊地发现,已故的博物馆馆长(也就是奈芙的祖父)竟然是峋山隐修会(Priory of Sion)的重要成员.峋山隐修会是一个真实存在的秘密组织,其成员包括牛顿、雨果与达·芬奇等多位历史名人.兰登的直觉告诉他,他和奈芙是在找寻一个石破天惊的历史秘密 …… 可以说"宗教＋艺术＋符号密码学＋悬念＋数学逻辑推理＝达·芬奇密码".

概率预测方面有:《最后的赌局》(图 2)、《赌命敲击》《牌界雄风》(图 3),甚至包括《雨人》.

图 2　最后的赌局　　　图 3　牌界雄风

《最后的赌局》这部加拿大电影讲的是一个因赌博而负债累累的数学教授,找到三个大学生(两男一女,其中一个男学生是中国人),传授他们关于 21 点的算牌方法,然后让他们来替自己挣钱还债的故事.当教授的债主要求他必须在 7 天之内还清这笔巨额债务(50 万加元)时,事态开始严重起来.这伙人决定孤注一掷.他们能够在规定的时间还钱吗,或者将要面临残酷的结局……

《赌命敲击》中主角丹·塞立格是一个无所事事的三十岁的人,他有着数学上的才能,一心想要改变他的生活.他的才华引起一名叫艾丽西娅的金发碧眼女子的注意,她雇佣丹加入她的 21 点扑克团队,参加在拉斯维加斯某晚举行的一场比赛.丹接受了这份工作并遇到一个名叫托马斯的人,他是一个有着暴力史的得克萨斯牛仔.艾丽西娅训练他俩玩牌的技术,从而令他们声震赌城.当事态变得严重时,丹为了抢夺数百万美元而历经艰难.问题在于,究竟谁在玩弄谁?

《牌界雄风》则讲述了三个女大学生将世界高赌注扑克游戏玩于股中.埃勒是个诱饵,用她撩人的魅力分散其他玩家的注意力;皮耶蒂是个智囊,装备小组高科技产品;还有收尾的布鲁克,用她的数学技能一盘又一盘地丰收.三人组队在圣安东尼奥市狠宰一通后又杀到拉斯维加斯,并在里约热内卢挑战世界级高手.

侦破方面就是美国电视连续剧《数字追凶》1—3 季,在该电视剧中莫罗(R. Morrow)扮演的 FBI 探员唐和他那具备超乎常人数学天才的弟弟查利侦破了一起大范围的严重罪案.查利对案件独特的思考方式让唐的同僚莱克和辛克莱感到十分惊讶.与此同时,唐和查利的父亲对两个儿子专注执着的个性是否会使彼此在工作中产生摩擦感到担心.弗莱恩哈特是查利的学院导师,他希望查利专注于学术研究而不是浪费无谓的精力帮助警方破案.

《数字追凶》通过真实的事例反映数学理论如何被应用到警方的调查之中.通过一个个建立的数学模型,从而破解一件件匪夷所思的罪案,情节生动,数学建模思想清晰,是一部不可多得的数学应用电视连续剧.该剧一直保持着很高的收视率.

3.数学人文篇

数学人文影片涉及数学人物、数学家传奇、解题能手、数学人文(数学与爱情、数学与生活、数学美)、数学历史、数学访谈与讲座等.

数学人文方面的有《骄阳似我》(心灵捕手)、《我爱上的是正切函数》(图4)、《美丽心灵》《证据》(图5)、《博士热爱的算式》《BBC 笛卡儿》《BBC 圣经密码》《BBC 牛顿》等.

图4 我爱上的是正切函数   图5 证据

《骄阳似我》剧情为一个麻省理工学院的数学教授,在他系上的公布栏写下一道他觉得十分困难的题目,希望他那些杰出的学生能解开答案,可是却无从能解.结果戴蒙(M.Damon)饰的一个年轻清洁工却在下课打扫时发现这道数学题并轻易解开这个难题.教授在找不到真正的解题者后,又写下了另一道更难的题目,要找出这个数学天才.

原来这个可能是下一世纪爱因斯坦的年轻人叫威尔,他聪明绝顶却叛逆不羁,甚至到处打架滋事,并被少年法庭宣判送进少年看护所.最后经过数学教授的保释并向法官求情,才让他免受牢狱之灾.虽然教授希望威尔能重拾自己的人生目标,而用尽方法希望他打开心结,但是许多被教授请来为威尔做心理辅导的心理学家却都被这个毛头小伙子洞悉心理反遭羞辱,纷纷宣告威尔已"无药可救".

数学教授在无计可施的情况下,只好求助他的大学同学及好友,希望他来开导这个前途岌岌可危的年轻人.最后威尔终于打开心胸拥抱生命,并把他之前所遭遇的困境抛诸脑后.该片荣获 1998 年奥斯卡最佳音乐－歌曲、最佳音乐－剧情片原作配乐等大奖.

《我爱上的是正切函数》讲的是一个花季少女同一个盛年男人的故事,说明他们并不属两个没有交集的集合,肯定这两个地球高级生物邂逅而堕入情网的概率不为零.电影最后暗示,数学同磁场一样具有吸力力,展现出一片美丽动情的场面!

电影的主人公,一位是聪明绝顶的高三女生,另一位是从东欧来到巴黎的男士.两人的目光在公交车上不期而遇,于是爆发了爱情、也酝酿了故事.女孩子萨碧娜出生在双亲"下岗"而穷困潦倒的家庭,不过她却是一个数学天才.她像数学上的"奇点"一样孤芳自赏,她披着数学定理的耀眼辉光高耸云端,她从不加入同学愚蠢的"发烧友"集合、混沌团"闭包"什么的.对于数学上的方程和图像萨碧娜迎刃而解,可是现实生活里的 X、无解方程,加上解不出来的拓扑图形太多太凶太乱太狠,她无法应付.萨碧娜于是高呼:数学! 数学! 来救救我呀! 谢谢数学、谢谢那个像渐近线一般从遥远神秘的东方翩然来临的男人,萨碧娜终于从数学里找到了能量,找到了如同双曲线飞向浩渺和空旷一样飞出家庭和困境的力量……

《美丽心灵》是一部著名的影片,这故事里的主人公约翰·纳什也是现实原型的真名.天才的数学家纳什在麻省理工学院工作,很年轻时就做出惊人的发现"纳什均衡".影片开头生动地描写了纳什的建模过程,而"纳什均衡"也奠定了经济学中博弈论的数学基础,开始享有国际声誉.但纳什 30 岁时被诊断出患有妄想型精神分裂症.他的感情生活也不单纯,包括一次因为在男洗手间不适宜地暴露自己而被逮捕,并在婚外有了孩子.纳什在自己的天才与狂乱中历经痛苦.他的那个美丽的头脑,不仅有过人智力更有过人勇气,使他终不至于沉入深渊.这是长而痛苦的旅程,然而疾病逐渐恢复,纳什因为关于博弈论的研究成果获得诺贝尔经济学奖.但这并非一般意义上的传记电影."它不是通过事实,而是通过想象来试图赞美一个生命的精神,并达到一些真理."纳什和他的妻子现在已经七十多了,仍然在一起.他们的智慧、脆弱和力量令人难忘.导演霍华德(R. Howard)说他们用纳什这个形象是一种象征;而他们自己的反应是理解,也许还比较高兴.该片获 74 届奥斯卡最佳影片、最佳男主角、最佳剧本、最佳女配角四个奖项.

《证据》中 25 岁的凯瑟琳正在艰难度过人生中最苦涩的一段,除了自己的工作,还要事无巨细地照顾重病缠身的父亲罗伯特.罗伯特是一位德高望重的数学家,暮年饱受病情折磨的他生活无法自理.父亲去世后,凯瑟琳如同被丢进陌生的角落,隐居而一般不愿参加社交活动.父亲的学生哈尔曾在葬礼前打算寻找遗留的数学笔记,因此凯瑟琳对他暴跳如雷.凯瑟琳的姐姐克莱尔希望卖掉父亲的宅子,让妹妹回到纽约和她住在一起,因为她相信妹妹可能遗传了父亲的某些症状,必须随时关注她的动向.当然凯瑟琳不愿离开,她和哈尔之间的关系也越发复杂.

哈尔拿着凯瑟琳给的钥匙打开了罗伯特的抽屉,发现一份成就惊人的数学样稿,欣喜的哈尔提议以罗伯特的名义印刷出版,而事情的真相却让克莱尔和哈尔都目瞪口呆,真正的作者竟是凯瑟琳!

《博士热爱的算式》的演员们不着痕迹地表演了一个故事,美好温馨的故事.$(220, 284)$是一对息息相关的生命数值.$220 = 1+2+4+71+142$(284的真约数和),$284 = 1+2+4+5+10+11+20+22+44+55+110$($220$的真约数和),这对数字叫相亲数(友谊数、亲和数).电影《博士热爱的算式》延续了纯净的无关乎爱情但是关于爱的主题,漫步在春日樱花下的博士、采摘野菜的女管家、深情的女主人、懂事的孩子,一切构成了一部温馨但又不拖沓的日本电影.

数学,这一亘古的话题,虽然很多人不喜欢它,但是电影给了我们另一个答案 —— 那可能是你没有一位优秀的数学老师.数学的美丽,在于它的逻辑性,在于它的变化性,在于它的未知性,剧中人物都围绕着数学,喜欢上数学,终于成为220和284这样密不可分的生活的一部分.这个时候,你也不会深究博士的80分钟记忆能力到底有没有说服力了.

4. 一批近期数学影视作品

电视连续剧(包括片名、出口年份和出品国)

《数字追凶》(Numbers, Season 1)(13 集),2005 年,美国

《数字追凶》(Numbers, Season 2)(24 集),2005 年,美国

《数字追凶》(Numbers, Season 3)(4 集),2006 年,美国

电影(包括片名、出品年份和出品国)

《死亡密码(π)》,1998 年,美国

《骄阳似我(心灵捕手)》(Good Will Hunting),1997 年,美国

《异次元杀阵(超级立方体)》(The Cube),1997 年,加拿大

《欲望解析 / 我爱上的是正切函数》(C'est la tangente que je préfère(Love Math And Sex)),1997 年,法国 / 比利时

《美丽心灵》(A Beautiful Mind),2001 年,美国

《异次元杀阵 2(超级立方体)》(Cube 2:Hypercube),2002 年,加拿大

《最后的赌局》(The Last Casino),2004 年,加拿大

《蝴蝶效应》(The Butterfly Effect),2004 年,美国

《证据》(Proof),2005 年,美国

《赌命敲击》(Hit Me),2005 年,美国

《牌界雄风》(Aces),2006 年,美国

《达·芬奇密码》(The Da Vinci Code),2006 年,美国

《博士热爱的算式》(Hakase No Aishita Sushiki),2006 年,日本

《蝴蝶效应 2》(The Butterfly Effect 2),2006 年,美国

资料纪录片、访谈、人物(包括片名、出品年份和出品国)

《费马最后定理》(Fermat's Last Theorem),2005 年,美国 BBC

《探索分形的世纪》(Exploring The Fractal Universe),2005 年,美国 BBC

《兆亿赌注》(Trillion Dollar Bet),2005 年,美国 PBS

《阿基米德的秘密》(The Genius of Archimedes),2005 年,美国 PBS

《阿兰·图灵》(Alan Turing),2005 年,美国 BBC

《笛卡儿》(Descartes),2006 年,美国 BBC

《圣经密码》(Secrets of the Bible Code),2005 年,美国 BBC

《牛顿》(Newton),2006 年,美国 BBC

数学普及片、专题片(包括片名、出品年份和出品国)

《数字之夜 —— 趣味数学系列》(A Night of Numbers)(第 1 集"质数的旋律",第 2 集"破解密码"等),2006 年,美国 BBC

三、数学影视文化的思考与发展趋势

数学文化的内涵与外延很丰富,宏观上它包括数学史、数学哲学、数学科学等,微观上它包括数学语言、数学观念与思想、数学精神、数学方法与技术等,此外作为人类文化的一种,它与其他文化也有千丝万缕的联系与作用. 这样思考便能发现,目前已有的数学影视作品尚缺诸多数学文化内容,比如有史以来最伟大的数学家阿基米德、欧拉、高斯以及 20 世纪的大数学家希尔伯特、庞加莱、冯·诺伊曼等均没有传记故事片,又如多数世界数学难题的求解历程也未见影视作品.

再分析一下已发行和上映的数学影视作品,数学观念篇的作品较少且数学观念也不够确切,如《蝴蝶效应》中的"混沌"非严格意义上的数学混沌;数学应用篇的电影作品只局限于预测,其实数学模型还可以用来解释现象、控制过程等,这方面的电影缺少,值得称道的是美国电视连续剧《数字追凶》在这方面做得较好;数学人文篇的影视作品是这三类中做得最突出、给人印象最深的,不过两部获大奖的电影《骄阳似我》《美丽心灵》给人们的感觉是数学家都有心理神经问题.

随着数学的发展,数学观念类的影视作品将更多、更好. 坚信会有这一天,是因为信息时代与数学文化的魅力之使然.

统计科学及其文化魅力[①]

当今世界,统计科学的影响力日益显现.首先,统计数据是经济社会管理的基础依据,统计分析为政府的决策提供重要参考.其次,统计服务于国家科学发展,并引导社会公众信心.最后,统计科学成果已渗透老百姓的生活.

然而,一般大众对统计科学都有一种艰涩难懂刻板的印象,其实,如果了解统计科学的文化魅力,可使人们对统计科学另眼相看.

一、从几个例子谈起

第一个例子:《今日文摘》2009年第1期有篇文为"一生一世的统计数字!",文中有以下一段:"一个人赤条条来到世界,离开的时候,也带不走多少东西.但是,一个人的一生给地球留下了什么?又创造了什么?以下是人活一世的一组数据.数据以英国人的生活方式为标准,兼顾了世界各地的人们.这组数据可以给我们一个参照,也可以给我们很多思考.英国人平均寿命78.5岁,共24亿750万秒 …… 一生吃掉的东西:4头牛,15头猪,21只羊,1 200只鸡,13 000只鸡蛋(未出生的鸡),5 000多只苹果,10 000多个胡萝卜,3吨面包,630千克巧克

[①] 本文摘自《科学》第62卷(2010年)第6期,作者王庚.

力,2 吨葡萄酒,11 吨啤酒(全球随时都有 4500 万醉鬼),18 吨牛奶,75 000 杯茶,相当于装满一个浴缸的罐头豆子,一生总共吃下约 50 吨食物. 当然,这是指世界各地人们的平均数. 考虑到很多穷人没什么吃的,富人应该吃的更多 …… 一生认识的人(有两年以上的交往)约 1 700 人,长期社交圈约 300 人 …… 每天说 4 300 个字,一生大约说 1 亿 2 千多万个字词,大多都没什么意义 …… 一生读报纸 1.5 吨,约 2 500 份;一生读 500 本书,考虑到有 40% 的人从来不看书,爱读书的人一生读书超过 1 000 本. 一个人一生读的书和报纸,至少需要 24 棵树. 你种了几棵? 一生 2 900 多天在看电视(按 24 小时算),差不多在电视机前不睡觉不说话坐了 8 年 …… 一生做梦 10 万次,还不包括白日梦."

这个单子上的数据未必都准确,还可以不断增加,但意思已经差不多了. 这里既有无法改变的,也有可以改变的;既有真实的生活,也有背后的贫富差距. 我们如何看待这些统计数据,其实就是如何看待自己,也是如何看待人类. 是增加这些数据,还是减少这些数据,不光对我们自己,对人类都会产生影响,这就是统计科学的文化力量.

第二个例子:"压缩后的地球百人村",这是美国斯坦福大学医学研究所马特(P. Marter)教授一年前在某论坛上发表的一篇文字,引起许多网友的共鸣,纷纷张贴转载. 它的主要内容是:如果我们把全球人口压缩成只有 100 个人的部落,而且维持人类的各种比率,那么我们会得到如下的结果:(1)57 个亚洲人,21 个欧洲人,14 个美洲人,8 个非洲人.(2)52 个男人,48 个女人.(3)35 个白种人,65 个非白种人.(4)35 个基督徒,65 个非基督徒.(5)89 个异性恋者,11 个同性恋者.(6)6 个人将拥有全部财富的 59%,而且这 6 个人全部来自美国.(7)80 个人的居家生活不甚理想.(8)70 个文盲.(9)50 个人营养不良.(10)1 个人即将死亡,1 个人即将生产.(11)1 个人(是的,只有一个人!)拥有大专以上学历.(12)1 个人拥有电脑.

世界是个地球村,当我们从这样压缩的角度来看世界时,会更清楚这个世界需要更多的接纳、谅解和教育. 这又是统计科学的文化给我们的震撼.

第三个例子:1944 年 6 月 12 日,纳粹德国新研制的重达 2.2 吨的 V-1 火箭越过英吉利海峡,从法国北部向英国开始发射,数月内共发射了 1 万余枚. 火箭三分之一击中英国本土,其中大部分击中首都伦敦,造成了平民和财产的损失. 英国人第一次看到这种发出强烈噪声、威力强大的超视距武器,把它叫作"嗡嗡弹".

同年 9 月 6 日,威力更大、重达 13 吨的 V-2 火箭也开始袭击巴黎,两天后又袭击伦敦,发射 4 300 枚,击中 1 000 枚.

6 月是著名的诺曼底登陆战役发起的关键时期,尤其是 6 月 12 日,这一天盟军登陆的各滩头阵地刚刚连成一片,是大量的增援渡海部队在海面上或在英国海岸集结的重要日子.这些部队如果遭受"嗡嗡弹"的袭击,后果不堪设想.问题的关键是这些"嗡嗡弹"是否"长眼睛",即是否具有现在所说的较精确的制导系统.如果有,那么盟军统帅部就要改变整个作战意图,战役也可能会改变.为此,统帅部绞尽脑汁,最后有人请来了几位统计学家.为了搞清楚这个问题,伦敦被分成 576 个地区.在每个地区,被炸次数的记录如下表(表 1):

表 1

被炸次数	0	1	2	3	4	5
地区数	229	221	93	35	7	1

上面的表格说明:229 个地区没有被炸过,7 个地区被炸过 4 次.利用泊松分布,每个地区被炸的均值是 0.93,得到地区期望的被炸次数,如下表(表 2):

表 2

被炸次数	0	1	2	3	4	5
地区数	227.3	221.3	98.3	30.5	7.1	1.6

因为实际数据非常接近期望值,因此弹着点的分布是泊松分布,即一种随机分布.统计学家们很快得出结论:不要紧,"嗡嗡弹"没"长眼睛",这就像大炮定向发射一样.丘吉尔心中的一块石头终于落地了.于是,渡海部队继续像潮水一样涌上诺曼底海滩,完全不去理会头顶上呼啸而过的当时最先进的 V 型火箭.

靠一种统计模型(统计推断法)来解决战争中的难题,十分精彩.

为了深度阐述统计科学的文化魅力,需要说明如下几个问题:(1) 统计科学是什么,统计学的基本问题(研究对象、研究方法、学科体系).(2) 什么是统计文化与统计科学的文化.(3) 统计科学的文化魅力何在?

二、什么是统计科学与统计文化

统计科学是什么?不好回答,答案也有多种.就像"数学科学是什么"一样难以回答,狭义地说统计科学就是统计学.据《大英百科全书》定义,"统计学是一门收集数据、分析数据,并根据数据进行推断的艺术和科学.最初与政府收集的数据有关,现在包括了范围广泛的方法和理论."该书随后还列举了主要应用领域,并详尽介绍了统计学的各方面内容.而由科茨(S. Kotz)、约翰逊(N. L. Johnson)和里德(C. B. Read)编著的《统计科学百科全书》是迄今最完整的关于统计的权威著作,它给出"统计学"这个术语表示"涉及收集、表示和分析数据的普遍方法和原理的领域",并列举了四十多个运用统计的领域.

可以说,统计学是一种为科学方法的需要而发展出来的工具.台湾统计学家谢邦昌打了个比喻,说:"如果一个人要吃罐头,一定要找到开罐头的器具.或许你会说,他可以用摔的方法把罐头摔开来,但难保里头的东西不会洒落满地.

也或许会说,可以用牙去咬,的确有人能这样打开罐头,但是一般人是做不到的. 拿到统计上头来看,未来的趋势就像是罐头里的食物,资料就是罐头的铁皮,而统计就是那把铁皮掀开取出内容物的工具. 你可以用其他方法、任何你想到的方法打开罐头,或许你成功了,但都比不上用正确的工具来得方便迅捷. ”这也许很能说明问题.

从最一般的意义上说,现代统计学是关于总体现象数量特征和数量关系的学科. 统计学所研究的现象可以是社会现象,也可以是自然现象;可以是随机现象,也可以是非随机的确定性现象. 统计学的研究对象可以表述为:社会经济总体现象的数量特征及其规律性、统计认识活动过程本身和认识方法.

统计学研究对象的特点有:总体性、数量性、客观性、数据的随机性、范围的广泛性.

统计学的研究方法既包括以概率论和随机样本为基础的数理统计方法,也包括各种非概率的统计方法;其中很大一部分对于各种类型的现象是普遍适用的,当然,也有若干方法较为明显地偏重于局部现象领域中的应用.

统计学研究中使用的最基本方法有:大量观察法、统计分组法、综合指标法、时间数列分析法、指数分析法、相关分析法、抽样推断法、描述性统计法、统计推断法、统计模型法等.

广义地说,统计科学涉及统计学的学科体系,完整的统计学科体系包括主干学科群、辅助学科群和边缘(交叉)学科群三个子体系. 主干学科群内又可划分为若干层次:首先分为横断学科与纵向学科;横断学科又包括前述的描述统计学和推断统计学(数理统计学)两个分支;数理统计学进一步划分为理论数理统计学和应用数理统计学,前者侧重于统计方法的数理基础,后者则侧重于统计方法的应用形式(但并不专门研究具体的自然或社会现象). 纵向统计学包括核算统计学和实验统计学两大门类. 核算统计学不仅包括传统的社会、人口和经济统计学,还包括新兴的科学技术统计学和环境生态统计学等. 核算统计学与实验统计学的区分基于三个方面的特征:(1)研究领域不同.(2)研究内容不同. 实验统计学研究的是自然或技术现象自身及其过程的数量特征和统计规律性,核算统计学则研究与人类活动有关的社会现象或过程的数量特征和统计规律性.(3)研究基础不同.

人们经常听到的是统计文化,那么何为统计文化与统计科学文化?

一般地,统计文化是统计部门在长期的统计实践过程中逐步形成和发育的,并为广大统计人员认同和遵守的价值观念、职业道德、规章制度、行为风貌等各方面的总和. 统计文化的核心是植根于统计人心中的价值观念和人文精神,对统计文化起主导作用. 有什么样的价值取向,就会有什么样的追求目标、工作标准、工作结果.

而统计科学文化是统计人与统计学科的生存、发展的方式.统计科学文化宏观上包括统计史、统计哲学、统计科学、统计美学等,微观上它包括统计思想(思维)、统计的精神和方法、统计群体中共同的价值观,以及统计与其他各科的交叉等.

本文所说的统计科学文化魅力中的统计科学文化正是后者,也是人们常常混淆和不在意的.其实它正是统计科学的本质属性.

三、统计的文化魅力

统计科学文化是个大课题,值得认真深入研究,这里选择一些例子来展现它的魅力.

(1)统计图表的文化魅力

统计图表既可以节省大量文字叙述,又可便于数据的对比分析与积累,它们能更为集中醒目、条理分明、形象鲜明、直观清晰地显示现象之间的相互关系.如果适当地加入文化元素,它们便具有文化魅力.

(2)统计科学与数据处理艺术

也有人把统计学定义为数据处理的一门艺术,如下的事例就是明证.瓦尔德(A. Wald,1902—1950)是二战时期的统计学家,他发明的一些统计方法在战时被视为军事机密.

瓦尔德被咨询飞机上什么部位应该加强钢板时,他开始研究从战役中返航的军机上受敌军创伤的弹孔位置.他画了飞机的轮廓,并且标示出弹孔的位置.资料累积一段时间后,几乎把机身各部位都填满了.于是瓦尔德提议,把剩下少数几个没有弹孔的部位补强 …… 因为这些部位被击中的飞机都没有返航.这是一个简单但近乎完美的实例,简单的统计方法一旦融入了统计学家的智慧,便显得生动而唯美!

创造美的工作,称其为艺术似乎也不为过.

(3)统计科学与产品销售

啤酒与尿布是一个广泛流传的故事:全球最大的零售商沃尔玛通过统计分析顾客购物的数据后发现,很多周末购买尿布的顾客同时也购买啤酒.经过深入观察和研究发现一统计规律,美国家庭买尿布的多是爸爸.年轻的父亲们下班后要到超市买尿布,同时"顺手牵羊"带走啤酒,好在周末看棒球赛的同时过把酒瘾.后来沃尔玛就把尿布和啤酒摆放得很近,从而双双促进了尿布和啤酒的销量.这个故事被公认是统计科学中数据挖掘的经典范例.

(4)统计科学与历史

听说过帝王统计学吗? 其实就是从统计学角度看中国 67 个王朝的 446 位

帝王.统计研究知:从夏商周至元明清,中国一共经历了67个王朝并产生446位帝王,这还不包括春秋战国时期诸侯国的国君和历次农民起义政权的首领.可以说,中国社会几千年的发展与变迁,在很大程度上都与这446位帝王的个人能力与情操息息相关.而在这446位帝王中,对江山社稷贡献最大的四个君王当属秦始皇、汉武帝、李世民和康熙······超过八十岁的只有五位,即最长寿的乾隆皇帝(88岁)、梁武帝萧衍(85岁)、唯一的女皇帝武则天(81岁)、宋高宗赵构(80岁)和五代吴越国君钱镠(80岁).在位最久的皇帝是康熙(61年)和乾隆(60年).不满一年有40位,在位最短的皇帝是金末帝完颜承麟,从登基到驾崩仅有半天时间.很多皇帝登基时未满周岁,还在吃奶.作为一代帝王,康熙还创造了多项历史之最:孩子最多,康熙12岁大婚,14岁开始生子一直生到63岁,50年间一共生了35个儿子、20个女儿;在位时间最长,康熙一共在位61年;作为历史上知识最渊博的皇帝,康熙对术数、天文、历法等无一不精······病死的,也就是正常死亡的339人;不得善终的,也就是非正常死亡的272人,其中死于刀剑之下的127人,服"仙丹"死(其实是自己找死)者5人······

这些数据是不是带给我们点文化启示,正所谓"以铜为镜,可以正衣冠;以史为镜,可以知兴替;以人为镜,可以明得失".历史也是统计科学最能施展的一个领域.

(5)统计科学与文学

《红楼梦》作者考证便是范例.众所周知,《红楼梦》一书共120回,自从胡适作《红楼梦考证》以来,一般都认为前80回为曹雪芹所写,后40回为高鹗所续.然而长期以来这种看法一直都饱受争议.能否从统计上做出论证?有多位数学家用统计科学方法作过研究,例如从1985年开始,复旦大学的李贤平教授带领他的学生作了这项很有意义的工作,他们创造性的想法是将120回看成是120个样本,然后确定与情节无关的虚词出现的次数作为变量,巧妙运用数理统计分析方法,看看哪些回目出自同一人的手笔.一般认为,每个人使用某些词的习惯是特有的.于是李教授用每个回目中47个虚词"之,其,或,亦······呀,吗,咧,罢······可,便,就······等"出现的次数(频率),作为《红楼梦》各个回目的数字标志.之所以要抛开情节,是因为在一般情况下,同一情节大家描述的都差不多,但由于个人写作特点和习惯的不同,所用的虚词是不会一样的.利用多元分析中的聚类分析法进行聚类,果然将120回分成两类,即前80回为一类,后40回为一类,很形象地证实了不是出自同一人的手笔.之后又进一步分析前80回是否为曹雪芹所写?这时又找了一本曹雪芹的其他著作,做了类似计算,结果证实用词手法完全相同,断定前80回为曹雪芹一人手笔,是他根据《石头记》写成,中间插入《风月宝鉴》,还有一些别的增加成分.而后40回是否为高鹗写的呢?论证结果推翻了后40回是高鹗一个人所写,而是曹雪芹亲友将其草稿整理而成,宝黛故事为一人所写,贾府衰败情景当为另一人所写,等等.这个论证在红学界轰动很大,李教授等用多元统计分析方法支持了红学界的观点,使红学界大为赞叹.

（6）统计科学与经济

统计科学与经济的联系非常密切,联姻的成果有计量经济学、数理经济学、经济统计等等.

这里举几个文化魅力凸现的例子.

综合指标法是统计学中的常用方法,"牛皮纸箱销售量指标"便是美国联邦储备局主席格林斯潘（A. Greenspan）在早年做顾问咨询时偏爱的指标,并把其视为他私人的经济观察指标.他的理由是,纸箱的主要功能是包装各式各样的商品,若纸箱的需求增加,表明经济活动也在加温.

在美国经济萧条的 20 世纪 40 年代,长裙子取代了 20 世纪 20 年代的短裙;在经济复苏的 20 世纪 60 年代,迷你裙大行其道;20 世纪 70 年代的衰退使女人的裙子也长至脚踝.因而"裙摆指标"诞生了,结论是经济繁荣时代,裙摆会越来越短;经济一旦进入衰退,短裙则随之变成长裙.

而"垃圾指标"更是有趣了,它的理论是当经济繁荣的时候,人们扔的东西就多了,比如过时的家具、衣服等,同时购买的东西也多了,包装袋也就多了.当经济衰退时,人们无力购买,新的不来,旧的也不去.

指数分析法也是统计学中的常用方法,例如"书店指数":书店可以折射出一个民族的文化素养.伦敦、巴黎和纽约的曼哈顿,除了有许多环境舒适、服务周全的大型书店外,还有大量的个性化书店、旧书店、专业书店、特色书店等.非洲国家的书店最可怜,数量少、门面小、顾客稀,里面一般只有一些中小学教材,还兼售文具用品.中国的书店进步很快,大城市都有许多大型书店和特色书店.新兴经济国家书店的共同特征是实用书籍为主,高考试题、电脑技术、股票交易之类的书籍也占了中国书店的半壁江山.这种统计分析大概也反映了新兴经济国家的特点,大部分人都忙于学习技能,都在"充电"以求改变自己的现状.部分国家的书店打分如下:英国、美国、法国 5 分;瑞士、希腊、阿根廷、以色列 4 分;中国、俄罗斯、土耳其、巴西 3 分;越南、埃及、印度 2 分;肯尼亚 1 分.

（7）统计科学与房地产、金融

关于房价流传最广的就是"牛肉面指标",它是说如果你准备买房子,你要到房子周边商铺的大排档调查一下,如果大排档上卖的"牛肉面"一碗 4 块钱,那么这个地方标准的房地产价格就应该是 4 000 元／平方米;如果牛肉面卖到 6 块钱一碗,那么标准的房地产价格就应该是 6 000 元／平方米.如果你发现牛肉面是 5 块钱一碗,而附近的房价只是 4 200 元／平方米,那么你可以毫不犹豫地投资;相反的话,房价就有虚高的成分.牛肉面指标意味着级差地租和租赁价格对房地产市场的决定作用.

本福德定律也许是反映统计科学在金融中文化魅力的好例证.1935 年,美国物理学家本福德(F. Benford) 在图书馆翻阅对数表时发现,对数表的头几页比后面的页更脏一些,这说明头几页在平时被更多的人翻阅.

本福德进一步研究后发现了第一数字定律.只要数据的样本足够多,第一数字定律描述的是自然数 1 到 9 的使用频率,公式为 $F(d)=\lg(1+1/d)$(d 为自然数),数据中以 1 为开头的数字出现的频率并不是 1/9,而是 30.1%,而以 2 为首的数字出现的频率是 17.6%,往后出现频率依次减少,9 的出现频率最低,只有 4.6%.

本福德开始对其他数字进行调查,发现各种完全不相同的数据,比如人口、物理和化学常数、棒球统计表以及斐波纳契数列中,均有这个定律的身影.

1961 年,一位美国科学家提出,本福德定律其实是数字累加造成的现象,即使没有单位的数字.比如,假设股票市场上的指数一开始是 1 000 点,并以每年 10% 的程度上升,那么要用 7 年多时间,这个指数才能从 1 000 点上升到 2 000 点的水平;而由 2 000 点上升到 3 000 点只需要 4 年多时间;但是,如果要让指数从 10 000 点上升到 20 000 点,还需要等 7 年多的时间.因此我们看到,以 1 为开头的指数数据比以其他数字打头的指数数据要高很多.

数学家发现,账本上数据的开头数字出现的频率符合本福德定律,如果做假账的人更改了真实的数据,就会让账本上开头数字出现的频率发生变化,偏离本福德定律中的频率.

非常有趣的是,数学家发现,在那些假账中,数字 5 和 6 居然是最常见的打头数字,而不是符合定律的数字 1,如果审核账本的人掌握了本福德定律,伪造者就很难制造出虚假的数据了.2001 年,美国最大的能源交易商安然公司宣布破产,当时传该公司高层管理人员涉嫌做假账的丑闻.事后人们发现,安然公司在 2001 年到 2002 年所公布的每股盈利数字就不符合本福德定律,这说明了安然的高层领导确实改动过这些数据.

最近数学家还把本福德定律用于选举投票中.票数的数据也符合这个定律,如果有人修改票数量,就会漏出蛛丝马迹来.数学家依据这一定律发现,在 2004 年美国总统选票中,佛罗里达州的投票存在欺诈行为;2004 年委内瑞拉和 2006 年墨西哥的总统选举中也有类似现象.

虽然本福德定律是一统计规律,它的形成原因还没有最终解释,但这并不妨碍人们把它运用到越来越多的生活领域中,帮助人们伸张正义、去伪存真.

(8)统计科学与幸福

根据统计规律与心理学,可以构建幸福指数,也可以给出"幸福的人"之统计学定义.

185

看看下面的问题,你如果答案都是"是",那么祝贺你,你是这个世界上非常非常稀有的幸福之人了!

问题1:如果早上醒来,你发现自己还能自由呼吸,你就比在这一周离开人世的100万人更有福气.

问题2:如果你从未经历过战争的危险、被囚禁的孤寂、受折磨的痛苦和忍饥挨饿的难受 …… 你已经好过世界上五亿人.

问题3:如果你的冰箱里有食物,身上有足够的衣服,有屋栖身,你已经比世界上70%的人更富足.

问题4:如果你银行户头有存款,钱包里有现金,你已经身居世界上最富有的8%的人之列.

问题5:如果你的双亲仍然在世,并且没有分居或离婚,你已属于稀少的一群.

问题6:如果你能抬起头,带着笑容,内心充满感恩的心情,你是真的幸福 —— 因为世界上大部分的人都可以这样做,但是他们没有.

问题7:如果你能握着一个人的手,拥抱他(她),或者只是在他(她)的肩膀上拍一下 …… 你的确有福气 —— 因为你所做的,已经等同上帝才能做到的.

问题8:你可以读这篇文章,那是双重幸运:有人想到你这个朋友(把这篇文章转发给你),有20亿人根本不识字.

四、结论与启示

上述充满创意的统计科学文化种种实例涉及不同领域、不同层次,极尽想象力和创意,闪耀着智慧的光芒,异彩纷呈,引领我们体验统计科学文化之魅力.

正如一位英国统计学家说的:"统计方法的应用是这样普遍,在我们的生活和习惯中,统计的影响是这样巨大,以致统计的重要性无论怎样强调也不过分."甚至有的科学家还把我们现在的时代称作"统计时代".显然,20世纪统计科学的发展及其未来已被赋予了划时代的意义.

英国著名统计学家威尔斯(H. G. Wells)说:"从微观上说,统计的思维方法,就像读和写的能力一样,有一天会成为效率公民的必备能力."而从宏观上,美国著名统计学家劳(C. R. Rao)说,"在终极的分析中,一切知识都是历史.在抽象的意义下,一切科学都是数学.在理性的基础上,所有的判断都是统计学."

从文化的角度挖掘统计科学,运用统计科学的方法探索文化,必将使我们畅享统计科学文化之魅力.

［1］穆尔 D S.统计学的世界.5 版.郑惟厚,译.北京:中信出版社,2003.

［2］萨尔斯伯格.女士品茶:20 世纪统计怎样变革了科学.邱东,等,译.北京:中国统计出版社,2004.

［3］劳 C R.统计与真理:怎样运用偶然性.李竹渝,石坚,译.北京:科学出版社,2004.

［4］管于华,等.统计学.2 版.北京:高等教育出版社,2009.

［5］王庚,等.现代数学建模方法.北京:科学出版社,2008.

本套书是上海《自然杂志》的资深编辑朱惠霖先生将历年发表于其中的数学科普文章的汇集本.

《自然杂志》是笔者非常喜爱的一本杂志,最早接触到它是在 20 世纪 80 年代初. 笔者还在读高中,在报刊门市部偶然买到一本.上课时在课桌下偷偷阅读,记得那一期有篇是张奠宙教授写的介绍托姆的突变理论的文章,其中那个关于狗的行为描述的模型引起了笔者极大的兴趣.至今想起来还历历在目,特别是惊叹于数学在描述自然现象时的能力之强.在后来笔者养犬十年的过程中观察发现,许多细节还是很富有解释力的.

当年在《自然杂志》上写稿的既有居庙堂之高的院士、教授,如陈省身先生写的微分几何,谷超豪先生写的偏微分方程,张景中先生写的几何作图问题等,也有处江湖之远的小人物,比如笔者给《自然杂志》投稿时只是上海华东师范大学数学系应用数学助教班的一名学员而已.

介绍一下本套书的作者朱惠霖先生,他既是数学家,又是数学教育家,曾出版数学著作多部.

如:《虚数的故事》(美)纳欣著,朱惠霖译,上海教育出版社,2008.

《蚁迹寻踪及其他数学探索(通俗数学名著译丛)》(美)戴维·盖尔编著,朱惠霖译,上海教育出版社,2001.

《数学桥:对高等数学的一次观赏之旅》斯蒂芬·弗莱彻·休森著,朱惠霖校(注释,解说词),邹建成,杨志辉,刘喜波等译,上海科技教育出版社,2010.

他还写过大量的科普文章,如:

《埃歇尔的〈圆的极限 Ⅲ〉》	朱惠霖	自然杂志	1982-08-29
《"公开密码"的破译》	朱惠霖	自然杂志	1983-01-31
《微积分学的衰落 —— 离散数学的兴起》	安东尼·罗尔斯顿;朱惠霖	世界科学	1983-10-28
《单叶函数系数的上界估计》	李江帆;朱惠霖	自然杂志	1983-10-28
《莫德尔猜想解决了》	Gina Kolata;朱惠霖	世界科学	1984-01-31
《一个古老猜想的意外证明》	Gina Kolata;朱惠霖	世界科学	1985-11-27
《从哈代的出租车号码到椭圆曲线公钥密码》	朱惠霖	科学	1996-03-25
《找零钱的数学》	朱惠霖	科学	1996-09-25
《墨菲法则趣谈》	朱惠霖	科学	1996-11-25
《找零钱的数学》	朱惠霖	数学通讯	1998-04-10
《关于"跳槽"的数学模型》	朱惠霖	数学通讯	1998-06-10
《扫雷高手的百万大奖之梦》	朱惠霖	科学	2001-07-25

其中《单叶函数系数的上界估计》是一个研究简讯. 他们将比勃巴赫猜想的系数估计在前人工作的基础之上又改进了一步. 这当然很困难. 朱先生 1982 年毕业于复旦大学,比勃巴赫猜想在中国的研究者大多集中于此. 前不久复旦旧书店的老板还专门卖了一批任福尧老先生的藏书给笔者,其中以复分析方面居多. 这一重大猜想后来在 1985 年由美国数学家德·布·兰吉斯完美的解决了.

数学科普对于现代社会很重要,因为要在高度现代化的社会中生存,不了解数学,更进一步不了解近代数学是不行的,那么究竟应该了解多少? 了解到什么程度呢? 在网上有一个网友恶搞的小文章.

民科自测卷(纯数学卷)

注:此份试卷主要用于自测对数学基础知识的熟悉程度. 如果自测者分数不达标,则原则上可认为其尚不具备任何研究数学的基本能

力,是民科的可能性比较大,从而建议其放弃数学研究.测试达标为 60 分,满分 100 分.测试应闭卷完成.

Part 1,初等部分(20 分)

(1) 设有一个底面半径为 r,高为 a 的球缺.现有一个垂直于其底面的平面将其分成两部分,这个平面与球缺底面圆心的距离为 h.请用二重积分求出球缺被平面所截较小那块图形的体积(3 分).

(2) 已知 Zeta 函数 $\zeta(s) = \sum_{n=1}^{\infty} \dfrac{1}{n}$.请问双曲余切函数 coth 的泰勒展开式系数和 $\zeta(2n)$ 有什么关系? 其中 n 是正整数(3 分).

(3) 求 n 阶 Hilbert 矩阵 $\boldsymbol{H}$ 的行列式,其中 $H_{i,j} = \dfrac{1}{i+j-1}$(4 分).

(4) 叙述拓扑空间紧与序列紧的定义,在什么条件下这两者等价? 并给出一个在不满足此条件下两者并不等价的例子(3 分).

(5) 对实数 t,求极限 $\lim\limits_{A \to \infty} \int_{A}^{A} \left(\dfrac{\sin x}{x}\right)^{2} \mathrm{e}^{itx}\, \mathrm{d}x$(3 分).

(6) 阶为 pq,$p^2 q$,$p^2 q^2$ 的群能否成为单群,证明你的结论(4 分).

Part 2,基础部分(40 分)

(1) 叙述 Sobolev 嵌入定理,并给出证明(5 分).

(2) 李代数 $so(3)$ 和 $su(2)$ 之间有什么关系? 证明你的结论(5 分).

(3) 亏格为 2 的曲面被称为双环面,其可以看作是两个环面的连通和.请计算双环面 $T^1 \sharp T^1$ 除去两点的同调群(5 分).

(4) 证明对于半单环 R,我们有 $R \cong Mat_{n_1}(\Delta_1) \times \cdots \times Mat_{n_k}(\Delta_k)$,其中 Δ_k 是除环(5 分).

(5) 证明 Dedekind 环是 UFD 当且仅当它是 PID(5 分).

(6) 给出概复结构和复结构的定义,并给出例子说明有概复结构的流形不一定有复结构(5 分).

(7) 给定光滑曲面 M 上的一点 P,假设以 P 为中心,r 为半径的测地圆周长为 $C(r)$.求曲面在点 P 的高斯曲率 $K(P)$(5 分).

(8) 证明 n 维向量空间 V 的正交群 $O(V)$ 的每一个元素都可以看作不超过 n 个反射变换的积(5 分).

Part 3,提高部分(40 分)

(1) 我们已知椭圆(长半轴为 a,短半轴为 b)的周长公式不能用初等函数表示.请证明这一点(12 分).

(2) 47 维球面 S^{47} 上存在多少组不同的向量场,使得其为点态线性独立的? 证明你的结论(13 分).

（3）证明：多项式环上的有限生成投射模都是自由模（15 分）.

此文章据说是一位女性朋友写的，在微信圈中广为流传. 在笔者混迹其中的几个数学圈中，许多很有功力的中年数学工作者都表示无能为力，也有的只是在自己所擅长的专业分支上能解出一道半道. 所以可见数学分支众多，且每一分支都不容易，要做个鸟瞰式的人物几乎不可能. 所以还是爱因斯坦有远见，他认为如果他要搞数学一定会在某一个分支的一个问题上耗费终生，而不会像在物理学中那样有一个对全局决定性的贡献.

数学普及是不易的. 著名数学家项武义先生曾在一次访谈中指出：

不管是中国也好，美国也好，关于普度众生的应用数学，是一大堆不懂数学的人要搞数学教育，而懂数学的人拒绝去做这个. 也许其原因是此事其实也不简单. 基础数学你要懂得更深一步都很难，吃力不讨好，所以不做. 现在全世界现况就跟金融风暴一样，苦海无边. 数学教育目前在全世界不仅没有普度众生，反而是苦海无边. 我跟张海潮[①]都觉得不忍卒睹，却无能为力，人太少了. 你跟搞数学教育的讲，他们根本不听也不懂，反而说："你伤害到我的利益，你知道吗？你给我滚远点."你跟数学家讲，像陈先生[②]反对我做这事，就跟我说："武义，你完全浪费青春."而且他一定讲："这事情是纯政治的，纯政治的事，你去搞它干嘛？你的才能应该好好拿来做数学的研究."这还是为了我好. 有些数学家，他如果不去做这些基础的数学，其实要让他做数学教育是不行的，因为他没有懂透彻，他以偏概全地说："这种东西我还不懂吗？这是没什么道理的东西！"他不懂才讲没道理，这就是现况！还有一个笑话，现在给我总的感觉，因为基础数学没人下功夫，数学研究跟基础数学脱节了，脱节久了，数学研究必然趋于枯萎，因为离根太远的东西是长不好的. 譬如说做弦理论（string theory），弦理论老天一定不用的嘛，因为老天爷没懂嘛，我们生活的空间世界是精而简的，他竟然说："要他来指挥老天爷，精简的地方，我不要做，我一定要去做十维卷起来的东西，这十维是什么东西都搞不清楚，这种数学越来越烦，有点像当年托勒密的周转圆（epicycles）. 我去复旦，和忻元龙[③]边喝咖啡边聊，他说："你是一个比较奇怪的数学家，前沿的数

学跟基础的数学是连起来的,但大部分的数学家不把它们连起来."

许多数学教科书并不能代替科普书,因为它们写的过于抽象.项武义先生讲了一个《群论》的例子.《群论》那一章定义了什么叫群,定义了什么叫群的同构(isomorphic).然后呢,证明了三个定理,第一个:G 跟 G 是同构的;第二个:若 G_1 跟 G_2 是同构的,则 G_2 跟 G_1 也是同构的;第三个:若 G_1 跟 G_2 是同构的,G_2 跟 G_3 是同构的,则 G_1 跟 G_3 是同构的.完了,整个就结束了,《群论》全教完了.

说实话,在现在这个功利至上的社会,端出这么一大套东西是不切实际的.但是我们坚持:诗和远方是留给有梦想的人的精神食粮,眼前的苟且是留给芸芸众生的麻醉剂.

刘培杰

2018 年 10 月 25 日

于哈工大

刘培杰数学工作室
已出版(即将出版)图书目录——高等数学

书　名	出版时间	定　价	编号
距离几何分析导引	2015－02	68.00	446
大学几何学	2017－01	78.00	688
关于曲面的一般研究	2016－11	48.00	690
近世纯粹几何学初论	2017－01	58.00	711
拓扑学与几何学基础讲义	2017－04	58.00	756
物理学中的几何方法	2017－06	88.00	767
几何学简史	2017－08	28.00	833
复变函数引论	2013－10	68.00	269
伸缩变换与抛物旋转	2015－01	38.00	449
无穷分析引论(上)	2013－04	88.00	247
无穷分析引论(下)	2013－04	98.00	245
数学分析	2014－04	28.00	338
数学分析中的一个新方法及其应用	2013－01	38.00	231
数学分析例选:通过范例学技巧	2013－01	88.00	243
高等代数例选:通过范例学技巧	2015－06	88.00	475
基础数论例选:通过范例学技巧	2018－09	58.00	978
三角级数论(上册)(陈建功)	2013－01	38.00	232
三角级数论(下册)(陈建功)	2013－01	48.00	233
三角级数论(哈代)	2013－06	48.00	254
三角级数	2015－07	28.00	263
超越数	2011－03	18.00	109
三角和方法	2011－03	18.00	112
随机过程(Ⅰ)	2014－01	78.00	224
随机过程(Ⅱ)	2014－01	68.00	235
算术探索	2011－12	158.00	148
组合数学	2012－04	28.00	178
组合数学浅谈	2012－03	28.00	159
丢番图方程引论	2012－03	48.00	172
拉普拉斯变换及其应用	2015－02	38.00	447
高等代数.上	2016－01	38.00	548
高等代数.下	2016－01	38.00	549
高等代数教程	2016－01	58.00	579
数学解析教程.上卷.1	2016－01	58.00	546
数学解析教程.上卷.2	2016－01	38.00	553
数学解析教程.下卷.1	2017－04	48.00	781
数学解析教程.下卷.2	2017－06	48.00	782
函数构造论.上	2016－01	38.00	554
函数构造论.中	2017－06	48.00	555
函数构造论.下	2016－09	48.00	680
函数逼近论(上)	2019－02	98.00	1014
概周期函数	2016－01	48.00	572
变叙的项的极限分布律	2016－01	18.00	573
整函数	2012－08	18.00	161
近代拓扑学研究	2013－04	38.00	239
多项式和无理数	2008－01	68.00	22

I

刘培杰数学工作室
已出版(即将出版)图书目录——高等数学

书 名	出版时间	定 价	编号
模糊数据统计学	2008—03	48.00	31
模糊分析学与特殊泛函空间	2013—01	68.00	241
常微分方程	2016—01	58.00	586
平稳随机函数导论	2016—03	48.00	587
量子力学原理.上	2016—01	38.00	588
图与矩阵	2014—08	40.00	644
钢丝绳原理:第二版	2017—01	78.00	745
代数拓扑和微分拓扑简史	2017—06	68.00	791
半序空间泛函分析.上	2018—06	48.00	924
半序空间泛函分析.下	2018—06	68.00	925
概率分布的部分识别	2018—07	68.00	929
Cartan 型单模李超代数的上同调及极大子代数	2018—07	38.00	932
纯数学与应用数学若干问题研究	2019—03	98.00	1017
受控理论与解析不等式	2012—05	78.00	165
不等式的分拆降维降幂方法与可读证明	2016—01	68.00	591
实变函数论	2012—06	78.00	181
复变函数论	2015—08	38.00	504
非光滑优化及其变分分析	2014—01	48.00	230
疏散的马尔科夫链	2014—01	58.00	266
马尔科夫过程论基础	2015—01	28.00	433
初等微分拓扑学	2012—07	18.00	182
方程式论	2011—03	38.00	105
Galois 理论	2011—03	18.00	107
古典数学难题与伽罗瓦理论	2012—11	58.00	223
伽罗华与群论	2014—01	28.00	290
代数方程的根式解及伽罗瓦理论	2011—03	28.00	108
代数方程的根式解及伽罗瓦理论(第二版)	2015—01	28.00	423
线性偏微分方程讲义	2011—03	18.00	110
几类微分方程数值方法的研究	2015—05	38.00	485
N 体问题的周期解	2011—03	28.00	111
代数方程式论	2011—05	18.00	121
线性代数与几何:英文	2016—06	58.00	578
动力系统的不变量与函数方程	2011—07	48.00	137
基于短语评价的翻译知识获取	2012—02	48.00	168
应用随机过程	2012—04	48.00	187
概率论导引	2012—04	18.00	179
矩阵论(上)	2013—06	58.00	250
矩阵论(下)	2013—06	48.00	251
对称锥互补问题的内点法:理论分析与算法实现	2014—08	68.00	368
抽象代数:方法导引	2013—06	38.00	257
集论	2016—01	48.00	576
多项式理论研究综述	2016—01	38.00	577
函数论	2014—11	78.00	395
反问题的计算方法及应用	2011—11	28.00	147
数阵及其应用	2012—02	28.00	164
绝对值方程—折边与组合图形的解析研究	2012—07	48.00	186
代数函数论(上)	2015—07	38.00	494
代数函数论(下)	2015—07	38.00	495

刘培杰数学工作室
已出版(即将出版)图书目录——高等数学

书　名	出版时间	定　价	编号
偏微分方程论:法文	2015－10	48.00	533
时标动力学方程的指数型二分性与周期解	2016－04	48.00	606
重刚体绕不动点运动方程的积分法	2016－05	68.00	608
水轮机水力稳定性	2016－05	48.00	620
Lévy 噪音驱动的传染病模型的动力学行为	2016－05	48.00	667
铣加工动力学系统稳定性研究的数学方法	2016－11	28.00	710
时滞系统:Lyapunov 泛函和矩阵	2017－05	68.00	784
粒子图像测速仪实用指南:第二版	2017－08	78.00	790
数域的上同调	2017－08	98.00	799
图的正交因子分解(英文)	2018－01	38.00	881
点云模型的优化配准方法研究	2018－07	58.00	927
锥形波入射粗糙表面反散射问题理论与算法	2018－03	68.00	936
广义逆的理论与计算	2018－07	58.00	973
不定方程及其应用	2018－12	58.00	998
几类椭圆型偏微分方程高效数值算法研究	2018－08	48.00	1025
现代密码算法概论	2019－05	98.00	1061
模形式的 p -进性质	2019－06	78.00	1088
吴振奎高等数学解题真经(概率统计卷)	2012－01	38.00	149
吴振奎高等数学解题真经(微积分卷)	2012－01	68.00	150
吴振奎高等数学解题真经(线性代数卷)	2012－01	58.00	151
高等数学解题全攻略(上卷)	2013－06	58.00	252
高等数学解题全攻略(下卷)	2013－06	58.00	253
高等数学复习纲要	2014－01	18.00	384
超越吉米多维奇.数列的极限	2009－11	48.00	58
超越普里瓦洛夫.留数卷	2015－01	28.00	437
超越普里瓦洛夫.无穷乘积与它对解析函数的应用卷	2015－05	28.00	477
超越普里瓦洛夫.积分卷	2015－06	18.00	481
超越普里瓦洛夫.基础知识卷	2015－06	28.00	482
超越普里瓦洛夫.数项级数卷	2015－07	38.00	489
超越普里瓦洛夫.微分、解析函数、导数卷	2018－01	48.00	852
统计学专业英语	2007－03	28.00	16
统计学专业英语(第二版)	2012－07	48.00	176
统计学专业英语(第三版)	2015－04	68.00	465
代换分析:英文	2015－07	38.00	499
历届美国大学生数学竞赛试题集.第一卷(1938—1949)	2015－01	28.00	397
历届美国大学生数学竞赛试题集.第二卷(1950—1959)	2015－01	28.00	398
历届美国大学生数学竞赛试题集.第三卷(1960—1969)	2015－01	28.00	399
历届美国大学生数学竞赛试题集.第四卷(1970—1979)	2015－01	18.00	400
历届美国大学生数学竞赛试题集.第五卷(1980—1989)	2015－01	28.00	401
历届美国大学生数学竞赛试题集.第六卷(1990—1999)	2015－01	28.00	402
历届美国大学生数学竞赛试题集.第七卷(2000—2009)	2015－08	28.00	403
历届美国大学生数学竞赛试题集.第八卷(2010—2012)	2015－01	18.00	404
超越普特南试题:大学数学竞赛中的方法与技巧	2017－04	98.00	758
历届国际大学生数学竞赛试题集(1994—2010)	2012－01	28.00	143
全国大学生数学夏令营数学竞赛试题及解答	2007－03	28.00	15
全国大学生数学竞赛辅导教程	2012－07	28.00	189
全国大学生数学竞赛复习全书(第2版)	2017－05	58.00	787

刘培杰数学工作室
已出版(即将出版)图书目录——高等数学

书 名	出版时间	定 价	编号
历届美国大学生数学竞赛试题集	2009—03	88.00	43
前苏联大学生数学奥林匹克竞赛题解(上编)	2012—04	28.00	169
前苏联大学生数学奥林匹克竞赛题解(下编)	2012—04	38.00	170
大学生数学竞赛讲义	2014—09	28.00	371
大学生数学竞赛教程——高等数学(基础篇、提高篇)	2018—09	128.00	968
普林斯顿大学数学竞赛	2016—06	38.00	669
初等数论难题集(第一卷)	2009—05	68.00	44
初等数论难题集(第二卷)(上、下)	2011—02	128.00	82,83
数论概貌	2011—03	18.00	93
代数数论(第二版)	2013—08	58.00	94
代数多项式	2014—06	38.00	289
初等数论的知识与问题	2011—02	28.00	95
超越数论基础	2011—03	28.00	96
数论初等教程	2011—03	28.00	97
数论基础	2011—03	18.00	98
数论基础与维诺格拉多夫	2014—03	18.00	292
解析数论基础	2012—08	28.00	216
解析数论基础(第二版)	2014—01	48.00	287
解析数论问题集(第二版)(原版引进)	2014—05	88.00	343
解析数论问题集(第二版)(中译本)	2016—04	88.00	607
解析数论基础(潘承洞,潘承彪著)	2016—07	98.00	673
解析数论导引	2016—07	58.00	674
数论入门	2011—03	38.00	99
代数数论入门	2015—03	38.00	448
数论开篇	2012—07	28.00	194
解析数论引论	2011—03	48.00	100
Barban Davenport Halberstam 均值和	2009—01	40.00	33
基础数论	2011—03	28.00	101
初等数论100例	2011—05	18.00	122
初等数论经典例题	2012—07	18.00	204
最新世界各国数学奥林匹克中的初等数论试题(上、下)	2012—01	138.00	144,145
初等数论(Ⅰ)	2012—01	18.00	156
初等数论(Ⅱ)	2012—01	18.00	157
初等数论(Ⅲ)	2012—01	28.00	158
平面几何与数论中未解决的新老问题	2013—01	68.00	229
代数数论简史	2014—11	28.00	408
代数数论	2015—09	88.00	532
代数、数论及分析习题集	2016—11	98.00	695
数论导引提要及习题解答	2016—01	48.00	559
素数定理的初等证明.第2版	2016—09	48.00	686
数论中的模函数与狄利克雷级数(第二版)	2017—11	78.00	837
数论:数学导引	2018—01	68.00	849
域论	2018—04	68.00	884
代数数论(冯克勤 编著)	2018—04	68.00	885
范式大代数	2019—02	98.00	1016

刘培杰数学工作室
已出版(即将出版)图书目录——高等数学

书　　名	出版时间	定　价	编号
新编 640 个世界著名数学智力趣题	2014—01	88.00	242
500 个最新世界著名数学智力趣题	2008—06	48.00	3
400 个最新世界著名数学最值问题	2008—09	48.00	36
500 个世界著名数学征解问题	2009—06	48.00	52
400 个中国最佳初等数学征解老问题	2010—01	48.00	60
500 个俄罗斯数学经典老题	2011—01	28.00	81
1000 个国外中学物理好题	2012—04	48.00	174
300 个日本高考数学题	2012—05	38.00	142
700 个早期日本高考数学试题	2017—02	88.00	752
500 个前苏联早期高考数学试题及解答	2012—05	28.00	185
546 个早期俄罗斯大学生数学竞赛题	2014—03	38.00	285
548 个来自美苏的数学好问题	2014—11	28.00	396
20 所苏联著名大学早期入学试题	2015—02	18.00	452
161 道德国工科大学生必做的微分方程习题	2015—05	28.00	469
500 个德国工科大学生必做的高数习题	2015—06	28.00	478
360 个数学竞赛问题	2016—08	58.00	677
德国讲义日本考题.微积分卷	2015—04	48.00	456
德国讲义日本考题.微分方程卷	2015—04	38.00	457
二十世纪中叶中、英、美、日、法、俄高考数学试题精选	2017—06	38.00	783

博弈论精粹	2008—03	58.00	30
博弈论精粹.第二版(精装)	2015—01	88.00	461
数学 我爱你	2008—01	28.00	20
精神的圣徒　别样的人生——60 位中国数学家成长的历程	2008—09	48.00	39
数学史概论	2009—06	78.00	50
数学史概论(精装)	2013—03	158.00	272
数学史选讲	2016—01	48.00	544
斐波那契数列	2010—02	28.00	65
数学拼盘和斐波那契魔方	2010—07	38.00	72
斐波那契数列欣赏	2011—01	28.00	160
数学的创造	2011—02	48.00	85
数学美与创造力	2016—01	48.00	595
数海拾贝	2016—01	48.00	590
数学中的美	2011—02	38.00	84
数论中的美学	2014—12	38.00	351
数学王者　科学巨人——高斯	2015—01	28.00	428
振兴祖国数学的圆梦之旅:中国初等数学研究史话	2015—06	98.00	490
二十世纪中国数学史料研究	2015—10	48.00	536
数字谜、数阵图与棋盘覆盖	2016—01	58.00	298
时间的形状	2016—01	38.00	556
数学发现的艺术:数学探索中的合情推理	2016—07	58.00	671
活跃在数学中的参数	2016—07	48.00	675

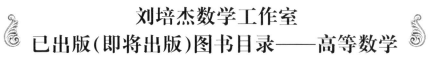

刘培杰数学工作室
已出版(即将出版)图书目录——高等数学

书　　名	出版时间	定　价	编号
格点和面积	2012—07	18.00	191
射影几何趣谈	2012—04	28.00	175
斯潘纳尔引理——从一道加拿大数学奥林匹克试题谈起	2014—01	28.00	228
李普希兹条件——从几道近年高考数学试题谈起	2012—10	18.00	221
拉格朗日中值定理——从一道北京高考试题的解法谈起	2015—10	18.00	197
闵科夫斯基定理——从一道清华大学自主招生试题谈起	2014—01	28.00	198
哈尔测度——从一道冬令营试题的背景谈起	2012—08	28.00	202
切比雪夫逼近问题——从一道中国台北数学奥林匹克试题谈起	2013—04	38.00	238
伯恩斯坦多项式与贝齐尔曲面——从一道全国高中数学联赛试题谈起	2013—03	38.00	236
卡塔兰猜想——从一道普特南竞赛试题谈起	2013—06	18.00	256
麦卡锡函数和阿克曼函数——从一道前南斯拉夫数学奥林匹克试题谈起	2012—08	18.00	201
贝蒂定理与拉姆贝克莫斯尔定理——从一个拣石子游戏谈起	2012—08	18.00	217
皮亚诺曲线和豪斯道夫分球定理——从无限集谈起	2012—08	18.00	211
平面凸图形与凸多面体	2012—10	28.00	218
斯坦因豪斯问题——从一道二十五省市自治区中学数学竞赛试题谈起	2012—07	18.00	196
纽结理论中的亚历山大多项式与琼斯多项式——从一道北京市高一数学竞赛试题谈起	2012—07	28.00	195
原则与策略——从波利亚"解题表"谈起	2013—04	38.00	244
转化与化归——从三大尺规作图不能问题谈起	2012—08	28.00	214
代数几何中的贝祖定理(第一版)——从一道IMO试题的解法谈起	2013—08	18.00	193
成功连贯理论与约当块理论——从一道比利时数学竞赛试题谈起	2012—04	18.00	180
素数判定与大数分解	2014—08	18.00	199
置换多项式及其应用	2012—10	18.00	220
椭圆函数与模函数——从一道美国加州大学洛杉矶分校(UCLA)博士资格考题谈起	2012—10	28.00	219
差分方程的拉格朗日方法——从一道2011年全国高考理科试题的解法谈起	2012—08	28.00	200
力学在几何中的一些应用	2013—01	38.00	240
高斯散度定理、斯托克斯定理和平面格林定理——从一道国际大学生数学竞赛试题谈起	即将出版		
康托洛维奇不等式——从一道全国高中联赛试题谈起	2013—03	28.00	337
西格尔引理——从一道第18届IMO试题的解法谈起	即将出版		
罗斯定理——从一道前苏联数学竞赛试题谈起	即将出版		
拉克斯定理和阿廷定理——从一道IMO试题的解法谈起	2014—01	58.00	246
毕卡大定理——从一道美国大学数学竞赛试题谈起	2014—07	18.00	350
贝齐尔曲线——从一道全国高中联赛试题谈起	即将出版		
拉格朗日乘子定理——从一道2005年全国高中联赛试题的高等数学解法谈起	2015—05	28.00	480
雅可比定理——从一道日本数学奥林匹克试题谈起	2013—04	48.00	249
李天岩—约克定理——从一道波兰数学竞赛试题谈起	2014—06	28.00	349
整系数多项式因式分解的一般方法——从克朗耐克算法谈起	即将出版		

刘培杰数学工作室
已出版(即将出版)图书目录——高等数学

书 名	出版时间	定 价	编号
布劳维不动点定理——从一道前苏联数学奥林匹克试题谈起	2014—01	38.00	273
伯恩赛德定理——从一道英国数学奥林匹克试题谈起	即将出版		
布查特—莫斯特定理——从一道上海市初中竞赛试题谈起	即将出版		
数论中的同余数问题——从一道普特南竞赛试题谈起	即将出版		
范·德蒙行列式——从一道美国数学奥林匹克试题谈起	即将出版		
中国剩余定理:总数法构建中国历史年表	2015—01	28.00	430
牛顿程序与方程求根——从一道全国高考试题解法谈起	即将出版		
库默尔定理——从一道IMO预选试题谈起	即将出版		
卢丁定理——从一道冬令营试题的解法谈起	即将出版		
沃斯滕霍姆定理——从一道IMO预选试题谈起	即将出版		
卡尔松不等式——从一道莫斯科数学奥林匹克试题谈起	即将出版		
信息论中的香农熵——从一道近年高考压轴题谈起	即将出版		
约当不等式——从一道希望杯竞赛试题谈起	即将出版		
拉比诺维奇定理	即将出版		
刘维尔定理——从一道《美国数学月刊》征解问题的解法谈起	即将出版		
卡塔兰恒等式与级数求和——从一道IMO试题的解法谈起	即将出版		
勒让德猜想与素数分布——从一道爱尔兰竞赛试题谈起	即将出版		
天平称重与信息论——从一道基辅市数学奥林匹克试题谈起	即将出版		
哈密尔顿-凯莱定理:从一道高中数学联赛试题的解法谈起	2014—09	18.00	376
艾思特曼定理——从一道CMO试题的解法谈起	即将出版		
一个爱尔特希问题——从一道西德数学奥林匹克试题谈起	即将出版		
有限群中的爱丁格尔问题——从一道北京市初中二年级数学竞赛试题谈起	即将出版		
糖水中的不等式——从初等数学到高等数学	2019—07	48.00	1093
帕斯卡三角形	2014—03	18.00	294
蒲丰投针问题——从2009年清华大学的一道自主招生试题谈起	2014—01	38.00	295
斯图姆定理——从一道"华约"自主招生试题的解法谈起	2014—01	18.00	296
许瓦兹引理——从一道加利福尼亚大学伯克利分校数学系博士生试题谈起	2014—08	18.00	297
拉姆塞定理——从王诗宬院士的一个问题谈起	2016—04	48.00	299
坐标法	2013—12	28.00	332
数论三角形	2014—04	38.00	341
毕克定理	2014—07	18.00	352
数林掠影	2014—09	48.00	389
我们周围的概率	2014—10	38.00	390
凸函数最值定理:从一道华约自主招生题的解法谈起	2014—10	28.00	391
易学与数学奥林匹克	2014—10	38.00	392
生物数学趣谈	2015—01	18.00	409
反演	2015—01	28.00	420
因式分解与圆锥曲线	2015—01	18.00	426
轨迹	2015—01	28.00	427
面积原理:从常庚哲命的一道CMO试题的积分解法谈起	2015—01	48.00	431
形形色色的不动点定理:从一道28届IMO试题谈起	2015—01	38.00	439
柯西函数方程:从一道上海交大自主招生的试题谈起	2015—02	28.00	440

刘培杰数学工作室
已出版(即将出版)图书目录——高等数学

书　　名	出 版 时 间	定　价	编号
三角恒等式	2015—02	28.00	442
无理性判定:从一道 2014 年"北约"自主招生试题谈起	2015—01	38.00	443
数学归纳法	2015—03	18.00	451
极端原理与解题	2015—04	28.00	464
法雷级数	2014—08	18.00	367
摆线族	2015—01	38.00	438
函数方程及其解法	2015—05	38.00	470
含参数的方程和不等式	2012—09	28.00	213
希尔伯特第十问题	2016—01	38.00	543
无穷小量的求和	2016—01	28.00	545
切比雪夫多项式:从一道清华大学金秋营试题谈起	2016—01	38.00	583
泽肯多夫定理	2016—03	38.00	599
代数等式证题法	2016—01	28.00	600
三角等式证题法	2016—01	28.00	601
吴大任教授藏书中的一个因式分解公式:从一道美国数学邀请赛试题的解法谈起	2016—06	28.00	656
易卦——类万物的数学模型	2017—08	68.00	838
"不可思议"的数与数系可持续发展	2018—01	38.00	878
最短线	2018—01	38.00	879
从毕达哥拉斯到怀尔斯	2007—10	48.00	9
从迪利克雷到维斯卡尔迪	2008—01	48.00	21
从哥德巴赫到陈景润	2008—05	98.00	35
从庞加莱到佩雷尔曼	2011—08	138.00	136
从费马到怀尔斯——费马大定理的历史	2013—10	198.00	I
从庞加莱到佩雷尔曼——庞加莱猜想的历史	2013—10	298.00	II
从切比雪夫到爱尔特希(上)——素数定理的初等证明	2013—07	48.00	III
从切比雪夫到爱尔特希(下)——素数定理 100 年	2012—12	98.00	III
从高斯到盖尔方特——二次域的高斯猜想	2013—10	198.00	IV
从库默尔到朗兰兹——朗兰兹猜想的历史	2014—01	98.00	V
从比勃巴赫到德布朗斯——比勃巴赫猜想的历史	2014—02	298.00	VI
从麦比乌斯到陈省身——麦比乌斯变换与麦比乌斯带	2014—02	298.00	VII
从布尔到豪斯道夫——布尔方程与格论漫谈	2013—10	198.00	VIII
从开普勒到阿诺德——三体问题的历史	2014—05	298.00	IX
从华林到华罗庚——华林问题的历史	2013—10	298.00	X
数学物理大百科全书.第 1 卷	2016—01	418.00	508
数学物理大百科全书.第 2 卷	2016—01	408.00	509
数学物理大百科全书.第 3 卷	2016—01	396.00	510
数学物理大百科全书.第 4 卷	2016—01	408.00	511
数学物理大百科全书.第 5 卷	2016—01	368.00	512
朱德祥代数与几何讲义.第 1 卷	2017—01	38.00	697
朱德祥代数与几何讲义.第 2 卷	2017—01	28.00	698
朱德祥代数与几何讲义.第 3 卷	2017—01	28.00	699

刘培杰数学工作室
已出版(即将出版)图书目录——高等数学

书　　名	出版时间	定　价	编号
闵嗣鹤文集	2011－03	98.00	102
吴从炘数学活动三十年(1951～1980)	2010－07	99.00	32
吴从炘数学活动又三十年(1981～2010)	2015－07	98.00	491
斯米尔诺夫高等数学.第一卷	2018－03	88.00	770
斯米尔诺夫高等数学.第二卷.第一分册	2018－03	68.00	771
斯米尔诺夫高等数学.第二卷.第二分册	2018－03	68.00	772
斯米尔诺夫高等数学.第二卷.第三分册	2018－03	48.00	773
斯米尔诺夫高等数学.第三卷.第一分册	2018－03	58.00	774
斯米尔诺夫高等数学.第三卷.第二分册	2018－03	58.00	775
斯米尔诺夫高等数学.第三卷.第三分册	2018－03	68.00	776
斯米尔诺夫高等数学.第四卷.第一分册	2018－03	48.00	777
斯米尔诺夫高等数学.第四卷.第二分册	2018－03	88.00	778
斯米尔诺夫高等数学.第五卷.第一分册	2018－03	58.00	779
斯米尔诺夫高等数学.第五卷.第二分册	2018－03	68.00	780
zeta 函数,q-zeta 函数,相伴级数与积分	2015－08	88.00	513
微分形式:理论与练习	2015－08	58.00	514
离散与微分包含的逼近和优化	2015－08	58.00	515
艾伦·图灵:他的工作与影响	2016－01	98.00	560
测度理论概率导论,第 2 版	2016－01	88.00	561
带有潜在故障恢复系统的半马尔柯夫模型控制	2016－01	98.00	562
数学分析原理	2016－01	88.00	563
随机偏微分方程的有效动力学	2016－01	88.00	564
图的谱半径	2016－01	58.00	565
量子机器学习中数据挖掘的量子计算方法	2016－01	98.00	566
量子物理的非常规方法	2016－01	118.00	567
运输过程的统一非局部理论:广义波尔兹曼物理动力学,第2版	2016－01	198.00	568
量子力学与经典力学之间的联系在原子、分子及电动力学系统建模中的应用	2016－01	58.00	569
算术域	2018－01	158.00	821
高等数学竞赛:1962—1991 年的米洛克斯·史怀哲竞赛	2018－01	128.00	822
用数学奥林匹克精神解决数论问题	2018－01	108.00	823
代数几何(德语)	2018－04	68.00	824
丢番图逼近论	2018－01	78.00	825
代数几何学基础教程	2018－01	98.00	826
解析数论入门课程	2018－01	78.00	827
数论中的丢番图问题	2018－01	78.00	829
数论(梦幻之旅):第五届中日数论研讨会演讲集	2018－01	68.00	830
数论新应用	2018－01	68.00	831
数论	2018－01	78.00	832
测度与积分	2019－04	68.00	1059
卡塔兰数入门	2019－05	68.00	1060

刘培杰数学工作室
已出版(即将出版)图书目录——高等数学

书　　名	出版时间	定　价	编号
湍流十讲	2018－04	108.00	886
无穷维李代数:第3版	2018－04	98.00	887
等值、不变量和对称性:英文	2018－04	78.00	888
解析数论	2018－09	78.00	889
《数学原理》的演化:伯特兰·罗素撰写第二版时的手稿与笔记	2018－04	108.00	890
哈密尔顿数学论文集(第4卷):几何学、分析学、天文学、概率和有限差分等	2019－05	108.00	891
数学王子——高斯	2018－01	48.00	858
坎坷奇星——阿贝尔	2018－01	48.00	859
闪烁奇星——伽罗瓦	2018－01	58.00	860
无穷统帅——康托尔	2018－01	48.00	861
科学公主——柯瓦列夫斯卡娅	2018－01	48.00	862
抽象代数之母——埃米·诺特	2018－01	48.00	863
电脑先驱——图灵	2018－01	58.00	864
昔日神童——维纳	2018－01	48.00	865
数坛怪侠——爱尔特希	2018－01	68.00	866
当代世界中的数学.数学思想与数学基础	2019－01	38.00	892
当代世界中的数学.数学问题	2019－01	38.00	893
当代世界中的数学.应用数学与数学应用	2019－01	38.00	894
当代世界中的数学.数学王国的新疆域(一)	2019－01	38.00	895
当代世界中的数学.数学王国的新疆域(二)	2019－01	38.00	896
当代世界中的数学.数林撷英(一)	2019－01	38.00	897
当代世界中的数学.数林撷英(二)	2019－01	48.00	898
当代世界中的数学.数学之路	2019－01	38.00	899
偏微分方程全局吸引子的特性:英文	2018－09	108.00	979
整函数与下调和函数:英文	2018－09	118.00	980
幂等分析:英文	2018－09	118.00	981
李群,离散子群与不变量理论:英文	2018－09	108.00	982
动力系统与统计力学:英文	2018－09	118.00	983
表示论与动力系统:英文	2018－09	118.00	984
初级统计学:循序渐进的方法:第10版	2019－05	68.00	1067
工程师与科学家统计学:第4版	2019－06	58.00	1068
大学代数与三角学	2019－06	78.00	1069
培养数学能力的途径	即将出版		1070
工程师与科学家微分方程用书:第4版	即将出版		1071
贸易与经济中的应用统计学:第6版	2019－06	58.00	1072
傅立叶级数和边值问题:第8版	2019－05	48.00	1073
通往天文学的途径:第5版	2019－05	58.00	1074

刘培杰数学工作室
已出版(即将出版)图书目录——高等数学

书　　名	出版时间	定　价	编号
拉马努金笔记.第1卷	2019—06	165.00	1078
拉马努金笔记.第2卷	2019—06	165.00	1079
拉马努金笔记.第3卷	2019—06	165.00	1080
拉马努金笔记.第4卷	2019—06	165.00	1081
拉马努金笔记.第5卷	2019—06	165.00	1082
拉马努金遗失笔记.第1卷	2019—06	109.00	1083
拉马努金遗失笔记.第2卷	2019—06	109.00	1084
拉马努金遗失笔记.第3卷	2019—06	109.00	1085
拉马努金遗失笔记.第4卷	2019—06	109.00	1086

联系地址:哈尔滨市南岗区复华四道街 10 号　哈尔滨工业大学出版社刘培杰数学工作室
网　　址:http://lpj.hit.edu.cn/
邮　　编:150006
联系电话:0451—86281378　　　13904613167
E-mail:lpj1378@163.com